为了人与书的相遇

重来也不会好过现在：成年人的哲学指南

Midlife

A Philosophical Guide

Kieran Setiya

[美] 基兰·塞蒂亚——著　潘驿炜 黎潇逸——译

广西师范大学出版社

·桂林·

图书在版编目(CIP)数据

重来也不会好过现在：成年人的哲学指南 /（美）基兰·塞蒂亚著；潘驿炜，黎潇逸译. —— 桂林：广西师范大学出版社，2019.8（2019.9 重印）
ISBN 978-7-5598-1898-0

Ⅰ. ①重… Ⅱ. ①基… ②潘… ③黎… Ⅲ. ①伦理学－通俗读物 Ⅳ. ① B82-49

中国版本图书馆 CIP 数据核字 (2019) 第 131595 号

广西师范大学出版社出版发行
广西桂林市五里店路9号　邮政编码：541004
网址：www.bbtpress.com

出 版 人：张艺兵
全国新华书店经销
发行热线：010-64284815
山东鸿君杰文化发展有限公司印刷
山东省淄博市桓台县　邮政编码：256401

开本：880mm × 1230mm　1/32
印张：7　字数：132千字
2019年8月第1版　2019年9月第2次印刷
定价：46.00元

如发现印装质量问题，影响阅读，请与出版社发行部门联系调换。

我不为己，谁人为我？

如只为己，我为何物？

若非此时，又待何时？

——希勒尔拉比

编者说明

本书原名译为中文可以是《中年：一份哲学指南》或《中年危机生存指南》，但在作者看来，被冠以“中年危机”的这些症状，如生活重复、机会错失、懊悔过去或惧怕死亡，在 20 岁或 70 岁出现都不算奇怪。

确实如此，中学时选择文理科、毕业后选择第一份工作、选择生活的城市、选择让谁成为你的恋人，这些时刻可能已为后来的症状埋下了种子，只是没人知道它什么时候会展露出来。也许等到工作生活一两年，你发觉自己入错了行当或选择了不合适的人；或者你大半生一帆风顺、从未有过后悔却也碰巧不喜欢杞人忧天，直到死亡迫近才开始思考活着的重要性。

为了不让“中年（危机）”这样的表述让你错过思考这些问

题的机会，毕竟它们是每个有思考习惯的成年人都会面临的、需要认真考虑的问题，我们对书名做了符合作者意旨的调整。但出于表达的便利，也因这类问题在 40 多岁更为典型，作者在书中仍称它们为“中年危机”，希望读者不会因为这样的表达，就把它们当作中年人的专属症状。

目　录

引言　1

Chapter 1　这就是全部？　9

我们为解决问题而奔忙，但最好的情况是，问题起初就不存在。如果是那样，我们还能做些什么？

Chapter 2　错失　37

人们讨厌做决定，选择常常意味着顾此失彼。选择了一种可能、一种路线，你往往也永久地放弃了别的可能。人们羡慕年轻时的自己，那时候好像所有的可能性都还在。但事情没那么简单。

Chapter 3　悔恨　65

如果你的人生过得相当不顺意，总想着其他可能性，有什么理由能让你继续眼前的生活？

Chapter 4　一些期盼　97

爱至少有两个面向，一是对生命价值的认可，一是希望把最好的东西都给所爱之人。平时两者也许相安无事，但面对临终的亲友矛盾就会浮现，你是希望他 / 她安乐逝去，还是继续活着？

Chapter 5　活在当下　125
人生就像是在跑步机上一般枯燥地重复，目标一一完成却毫无成就感。如果你也有这样的感觉，问题可能出在“当下”这个环节。

尾声　157

补充阅读　中年危机小史　167

致谢　195
注释　199

引言

公元前 1 世纪有两位伟大的拉比，一位名叫沙麦（Shammai），他严厉、教条又清高；而另一位拉比，沙麦的竞争者，希勒尔（Hillel）恰恰相反，他充满仁爱、懂得变通，并且兼收并蓄。故事的内容是这样的：一名教外人士表示愿意皈依犹太教，条件是允许他以金鸡独立的姿势聆听《妥拉》。* 这个奇怪的要求被沙麦拉比轻蔑地回绝了，于是教外人转而寻找希勒尔拉比。希勒尔拉比接受了他，并说道："己所不欲，勿施于人（That which is hateful unto you, do not do unto your neighbor），此乃《妥拉》

* 拉比（rabbi），意为"圣者"，是对犹太教中研读、解释宗教经典的学者的称谓。《妥拉》（*Torah*），意为"指引"，在这里指《摩西五经》。（本书脚注均为译者或编者添加。）

精髓之全部，其余皆为注解。现在，去学习吧。”[1]

本书正是遵循希勒尔拉比的精神写就，扉页题词即引用了他的名言。如同卷帙浩繁的《塔木德》一般，哲学可以是冷峻而深奥的。这并非新事：试着去读读康德或者亚里士多德吧。当然，这也不全然是坏事。希勒尔拉比从未忽视那些更加艰深细致的学问，他终其一生孜孜以求。但他坚信，犹太教的精神能够浅显易懂地表达出来，即使这么做冒着看上去天真幼稚的风险，也值得一试。

关于哲学，我持相同观点。一些哲学家攻坚克难，致力于解答那些困扰着他们的最为艰涩棘手的问题，哲学的存在和发展离不开他们。尽管学院哲学不乏争议性、不确定性和复杂性，但对于几乎每个深陷生活泥淖彷徨不前的人，那些想要活得好却不得其径的人，了解一点哲学都大有裨益。

我关注并投入精力研究上面的问题，可不只是因为我以教授哲学为生，其中也有个人因素。6 年前，当我还处在 35 岁这样不大的岁数上，我就开始思考中年问题了。从表面上看，我的生活一帆风顺：家庭稳定，事业有成。那时我身在一座我颇感投缘的“中西部”城市，还在一个很棒的院系荣升终身教授。我深知能够做自己喜欢的事是多么幸运，然而在继续这样做下去的期望里，在缀连起退休、衰老和死亡的一连串未来计划里，我看到了空虚和无助。当我停下脚步，审视着自己苦心营造的人生，内心泛起一阵让人困惑的感觉，混杂着对往事的眷恋、悔不当初、幽闭恐惧、空虚和畏惧。我陷入中年危机了吗？

你或许会反驳说，6 年前的我（甚至现在的我？）还没有到发生中年危机的年龄。我很欣赏这样的想法，但你必须在阅读本书第 1 章之前做好准备了。而且最后我要说的是，我不同意这个想法。令我陷入危机的是中年的存在主义问题，在 35 岁时这样提问并不算早。你尽可以早在 20 岁或迟至 70 岁提出它们。当然我认为，它们在我这个岁数时尤为显著。这些问题关乎失去和悔恨、成功和失败、你理想的人生和你拥有的人生，关乎人的有死性（mortality）和有限性，以及奋力追逐各种计划的空虚感。最根本的是，这些问题关乎人生的时间结构和占据这个结构的各种生命活动。因此，本书不只是写给中年人看的，它还写给所有与不可逆的时间搏斗的人。

本书是一部应用哲学作品：它是对中年阶段种种挑战的哲学回应，并采用了自救指南的体例。中年的考验一直以来被哲学家忽视，但是这些问题从哲学的角度上看非常吸引人，也可以运用哲学家常用的工具得到有效处理。直到大约 18 世纪，道德哲学与自救之间还没有明显的界线。[2] 哲学家普遍认同，关于美好生活的思索应该令我们自己的生活有所改善。直到最近道德哲学与自救的目标才分离开来，现在几乎没有哲学家会写自救类书籍。如果写，他们大多时候引经据典展开写作，古罗马时期的斯多葛派哲学家是他们的常客，如西塞罗、塞涅卡和爱比克泰德，就仿佛哲学在2000多年前就脱离了与现实生活的联系。本书的研究进路不是历史的，尽管我会援引过去的哲学家，古代的和近现代的，但我不会把他们当作圣人一般的智慧宝库，他们将在后面的问题中与我对话，并一起着手解决我的这些问题，希望这个过程也能对你有所帮助。

本书不同于典型的自救书籍，因为它更关注诸如怎样感知你的生活这样的基本问题，而不大关注外在变化。对于我们中的大多数人，在中年开启新生活的尝试其实并不算迟，可人们总觉得为时已晚。别让伴随中年而来的时间透视缩短*愚弄了你！你拥有的时间远比你认为的多。况且，指导人们在50岁时跳槽或在45岁开始过单身生活的书籍颇有市场。我不打算提供这一类的指导，但我将试着带给读者一些受到哲学思想启发的建议，交流适应中年生活的良策。对于我们熟知的建议，我将条分缕析其背后的哲学道理；对于那些我们还不熟悉的，我会论证它

* 透视缩短（foreshortening）原指绘画 / 摄影中的一种技法 / 现象，即远处的物体在画面中的尺寸或长度比实际的要短小。

们的正确性。

在这个过程中，我想读者无需先期知识即可跟上我的思路。我试图写一本你在金鸡独立时都能读懂的书：我将适当平抑本书的学理性，力求言简意赅，舍弃面面俱到。事实上，接下来的章节讨论的只是中年危机诸多形式中的部分问题。受种种需求所累，你的日子劳神费力、疲惫不堪，这样的感受是第 1 章的关注焦点。为了解决这一问题，我们将探讨理性、价值及美好生活的概念（最早讨论它们的人是亚里士多德），还将了解做自己本不必做的事情的重要性。第 2 章讨论的主题是当下生活的约束感，不论生活多么幸福，我们总觉得错失了另行选择的机会。我们将发现选择的价值是怎样被高估的，以及为什么错失（missing out）有时候也是件好事。在第 3 章，你不得不与不完美又无可挽回的过去达成妥协。你应当为自己犯过的错误感到高兴，在这一章我们将探究这样做的时机和原因。第 4 章讨论对时间流逝、枯竭以及人的有死性的认知，同时我们将与应对死亡恐惧的哲学疗法会面。第 5 章的主题则是日复一日、年复一年接踵而至的计划带来的重复感和精疲力竭。我们将探讨活在当下的意义，它如何解决你的中年危机，以及冥想在其中的作用。

在求索答案之前，我们不妨先从“中年危机小史”出发，* 围绕中年危机的历史开始我们的旅程。我们将发掘晚近历史，研究中年作为一段危机时期的传统认识。我们将勾勒它变化中的现况，展示它从强烈的创伤到可控的不适的演化史。我们也会在对中年的未来探索中为哲学觅得一席之地。当代哲学学人对衰老，对童年、中年和老年的身体境况与时间境况（physical and temporal situations）关注得太少。现在是时候改变了。

---

* 作者原本将“中年危机小史”安排在引言之后。为便于读者直接进入对问题本身的哲学思考，我们在编排时将这一社会史、文化史的背景的铺陈放在尾声之后。如果你感兴趣这方面背景知识或怀疑是否存在“中年危机”一事，可先阅读这一章。

Chapter 1

这就是全部?

约翰·斯图亚特·密尔（John Stuart Mill）的早年生活足够卓越，却也十分悲惨。他出生于1806年，父亲詹姆斯·密尔（James Mill）是苏格兰著名的历史学家、政治经济学家和哲学家。詹姆斯是功利主义先驱杰里米·边沁（Jeremy Bentham）的追随者。边沁有句声名狼藉的名言："最多数人的最大幸福是衡量对错的尺度。"[1] 忘却历史，抛开传统：公共机构必须服务于受它们影响的每一个人的利益。任何不能让人们更幸福的事物，必须做出改变。

詹姆斯·密尔在1808年结识了边沁，并迅速成为边沁的拥趸。那时候，他的儿子约翰还不到两岁，但约翰的非凡人生就此起步。按照"好事始于家门"的原则，詹姆斯·密尔亲自为儿子设计了教育规划，要把儿子培养成为最多数人的最大幸福奋斗的人，让世界因他而不同的人。这次试验用以赛亚 · 伯林的话来说，取得了“骇人的成功”。[2] 称其成功，是因为约翰 · 密尔由此成为 19 世纪最有影响力的英国哲学家和公共知识分子；称其骇人，则是因为他早年的茕茕孑立、与世隔绝。密尔被禁止与其他孩子交往，同时以惊人的步调接受教育：3 岁学希腊语，7 岁读柏拉图，8 岁学拉丁语，11 岁读牛顿的《自然哲学的数学原理》；少年时期学习逻辑学、政治经济学、心理学和法学，接着在 15 岁时学习边沁的理论和哲学。到了 20 岁，约翰·密尔已经成为了不起的思想家，父亲的得意之子，却遭遇了精神崩溃。

在这样一本关于中年危机的书里讨论密尔，并尝试从他的经历中挖掘经验看上去有悖常理。他在《约翰 · 密尔自传》（*Autobiography*）中回忆，自己精神崩溃时还十分年轻。如同他在其他方面的经历一样，密尔经历的精神危机也是过早的。他的危机也可能是你面临的，是坚持哲学思考的典型。密尔试图去分析自己从崩溃到痊愈的经过，并为道德哲学提炼经验教训：我遵循的也是这一方法。

同时我得承认，密尔的一些遭遇并不只发生在中年。我们在这里分析密尔的不幸，实际相当于参加哲学伦理学速成班，好为本书余下的内容做好铺垫。我们将探索什么是幸福的本质，以及怎样追求幸福；我们将把中年危机拿来与跌入虚无主义的更彻底的崩溃做一番对比；我们将分析人类活动中不同类型的价值；而后，我们将在密尔的危机中找到可资借鉴的东西。我们可能不会拥有他那样的童年，但也许我们曾因为工作和生活的重压以及被塞得满满当当的时间发过牢骚，也曾自问，这就是生活的全部了吗？在下文中，我们将在密尔的帮助下着手回答这个问题。

密尔的叙事富有感染力，还有一个不祥的开头。他以荒凉和晦暗的笔触记录下自己的伤痛：

> 我陷入了神经麻痹状态，可能每个人偶尔都曾遇到过；我对享乐或愉悦的刺激失去了兴趣；快乐的事情曾带给我好心情，现在也枯燥乏味或平淡无奇……在如此情绪下，我不禁直问自己："假如你人生的全部目标都实现了，你所追求的制度与观念变革都将立即生效：你会因此获得巨大的愉悦感和幸福感吗？"一个难以压制的自我意识立即回答道："不！"[3]

玄妙之处在于**为什么**。为什么一个人最深切的渴望和最宏伟的雄心终于实现，竟成了一件与己无关的事？问题出在哪里？

你也许会回答：确实出了好多问题。可怜的密尔，被他那专横的父亲驱赶着走上安排好的人生轨迹。这叫他如何能体会到对自己人生的掌控、自主意识和真实感？难怪后来密尔会写下《论自由》(*On Liberty*) 这样一部探讨自治 (self-government) 和思想自由的作品。

其他症状还包括疏离感、社会联系脆弱，以及对亲密关系的渴求。至少从这方面看,密尔的故事有一个圆满的结局。1830年，25 岁的约翰 · 密尔遇见了他的一生所爱，哈丽雅特 · 泰勒 (Harriet Taylor)。那时候她已经结婚了，但他俩还是成了好朋友，密尔称这段关系为“我生命中最有价值的友谊”。[4]1851 年，哈丽雅特的第一任丈夫去世后,密尔向她求婚成功。在他的自传中，密尔称她实际上是该书的共同作者 :“不仅在我们的婚姻生活期间，还有那之前，在我们亲密友谊的漫长岁月中，她对我发表的作品做出的贡献与我一样多，”包括《论自由》和《妇女的屈从地位》(*The Subjection of Women*),然而“她的聪慧天分支撑着的,乃是我今生所见唯一最高尚且最平衡的道德人格。”[5]他们的才华和晚年生活堪称佳话。

尽管总体来说，这段关系对他发展的影响“具体地说，几乎是无穷大的”，[6]密尔并没有将他与哈丽雅特的关系当成治愈他精神崩溃的良方，或者将他发展这段关系的原因归结为自己的孤独。他也曾隐晦地暗示了自身面临的父子矛盾,直到“一缕微光驱散了我的阴霾，我很偶然地读到［让–弗朗索瓦·］马蒙泰尔（Jean-François Marmontel）的《回忆录》（*Memoirs*），翻阅到讲述他父亲去世的那一段，他家庭的困境突然激发了他的勇气，那时他还只是个孩子；也使他的家人觉得，他将成为他们的一切——也将填补他们失去的一切”。[7]这或许是一则证实精神疗法功效的材料，但与密尔的自我诊断无关。相反，他为自己的危机归纳出值得关注的两个原因，每一个都具有哲学背景。

只为我自己

密尔从负面情绪中恢复过来以后，想法里有两点值得注意的转变。第一个如下：

> 的确，我从未动摇过这一信念，即幸福是一切行为规范的检验标准，以及生活的目的。但我现在认为，只有不把这个目的当作直接目标，它才能够实现。（我认为）只有那些人会幸福，他们的心思都在自身幸福以外的事情上，在他人的幸福、人类的进步上，甚至在一些艺术追求上。他们不以这些为手段，而将其本身当作理想的目的。于是当他们把眼光放在别的事物上时，也顺便找到了自身的幸福。[8]

密尔通过这段话表达的见解有个名字：利己主义悖论（paradox of egoism）。它至少可追溯到约瑟夫·巴特勒（Joseph Butler）在伦敦罗尔斯教堂（Rolls Chapel）的布道，其内容在1726年结集出版。[9] 作为英国国教的神父，巴特勒主教相信利己主义，或者说是对个人幸福的执着追求，将干扰甚至妨碍幸福的实现。就像密尔后来的转变，巴特勒认为幸福的关键条件是关心自己以外的事物。这并不意味着你必须转向利他主义。你所关心的也许是棒球、哲学，或者特定的某个人，如你的朋友、家人，而不是广义的人类。当你这样关心其他事物时，它不仅仅是你的一种自利手段，它本身就能让你感到幸福。所以这就是幸福的源泉，尽管它可能很脆弱。这正是密尔的观点。

我觉得这是个很好的想法。我们可以称之为预防中年危机第一定律：你必须关心自己之外的事物。假如除了个人幸福之外，没有什么值得你关心，假如你完全沉迷于自我，那么不会有太多东西让你感到幸福。当满足感难以获得之时，这个问题就值得好好琢磨了。把渴求幸福作为自己的目标是很自然的事，而可笑之处在于，你得做与之相反的事：关心其他事物。这并不是一个你可以直接采纳的建议，因为你没法热爱那些未能打动你的事物。但它也不是一无是处，你可以选择沉浸于那些你未来可能关心的事物，从而开始改变你的生活。谁知道呢，或许中年时读些哲学会激发你全新而持久的激情？我推荐这个，虽然你也可能找到其他的兴趣。

我们值得为利己主义悖论暂停前进的脚步，同样也值得停下来驳斥信奉人皆自私的人，他们认为世上不可能有那么多无私之欲。他们自认持有极其坦诚的现实主义观点，这些“心理利己主义者”坚持要重新解读那些表面上无私的行为，比如为保护并转移濒危文物而献出生命、[10]给陌生人捐肾，[11]他们将其视为通向幸福的秘密途径。这样一来，这些行为的出发点其实是“无私者”羞于承认的动机和信念。大多数情况下，那些为了他人而以身涉险的人并不相信这样做是为了自己好。心理利己主义是关于人类动机的阴谋论，这基本可信。密尔自己就是个合适的例子，他从未将社会变革的愿望构想为利己的计划。但他坚持着这个愿望，尽管他同时坚信这愿望就算实现了也难以让他幸福。即使在最为绝望的时刻，密尔也不曾放下改变世界的渴望，不曾停止为之奋斗。

但这就引出了一个疑问，不管你怎么看利己主义悖论，它都很难适用于密尔。他的问题不是过分利己，非要说的话，恰恰相反：密尔没有把自己的生命看得比其他任何人更重要，除了最多数人的最大幸福之外，他一无所欲。他无须吃悖论的苦头。但危机还是来临了。密尔的第一个自我诊断尽管很有趣，但大错特错了。

或许很讽刺，但引用密尔精神崩溃的经历作为利他主义（而非利己主义）悖论的例子可能更吸引人。这里的悖论并不是利他行为何以可能的悖论，而是指杰基·罗宾森（Jackie Robinson）的名言“生命唯一的重要意义在于对他人的影响”[12]中隐含的我们还未提及的悖论。年轻的密尔或许会赞同这句话，但是其中的理念与他的理解完全不是一回事。

为证明这一点，我们需要借鉴道德哲学中终极价值和工具价值的区分。工具价值是指一件事作为达成目的手段而具有的价值，例如赚钱或看牙医的价值。这些事当然值得做，可那不过是因为有钱或者做根管治疗之后的生活更好或更舒适。相反，终极价值则是一件事自身具有的价值，这种价值可以让它成为目的，而不仅仅是手段，它拥有非工具价值。想一想幸福的价值，就边沁的功利主义哲学来说，不考虑后果，幸福也是好的。

罗宾森的话暗示我们做的每件事都只有工具价值：这些事的价值寓于它们对他人的影响之中。但是他人的生活，以及填满他人生活的活动又有什么价值呢？如果这些价值也是工具性的，其价值取决于它们对于他人的影响，而这些影响的价值同样取决于它们对于他人的影响，如此反复……价值实现就被无限地推迟了。正如亚里士多德在《尼各马可伦理学》开篇强调的，如果对价值的解释总是工具性的，“这一过程将趋于无穷，因而……对目的的渴求也就成了空洞”。[13] 只有当人生自身变得重要，不需要依靠对他人的影响时，利他主义才有意义。只有当其他活动本身具有价值时，那些服务于这些活动的举动才有价值。这就引出了一个悖论：如果利他主义是唯一重要的事，那就没有重要的事了。人生也就不值得过了。

我这么说是不是对罗宾森不太公平？也许吧。他本可以指明构成重要性的特殊价值的含义，而不是只谈什么构成了美好人生。但我并不是唯一对曲解利他主义感到担忧的人，对利他主义的曲解会造成对利他以外一切事物价值的无视。想想奥登（W. H. Auden）那句嘲弄：“诗人能接受每一种自负，唯独忍受不了社工的那种：‘我们来到这个世界是为了帮助别人；至于别人来到这个世界是为了什么，我不知道。’”[14]〔这个掌故来自喜剧演员约翰·福斯特·霍尔（John Foster Hall）从 19 世纪 20 年代就开始表演的《欢乐的牧师》（“the Vicar of Mirth”）。〕我们有理由推断，密尔的成长已经被一种自我否定扭曲，造成他对利他行为的积极目标几乎没有什么概念。他就是奥登诗句里的社工。

但我不认为密尔的困境是利他主义悖论造成的。密尔对于满足人类需求这件事具有的终极价值不曾有过丝毫怀疑。社会变革的目的之一便是减轻人类的苦难，能让这个目的实现，本身便是具有价值的，不论其影响如何。密尔这位社工的计划绝不仅仅具有工具价值。

如果密尔规避了利他主义悖论，那我们呢？我难以猜测你的性格，更不想因此有所冒犯，不过从我自己的情况来看，中年危机一定不会转变成狂热的无私，也不会转向虚无主义。即便在其最强有力的控制下，我还是知道我要关心我的所爱，要尽可能地做好我的工作，要让万物归位，要有责任感，要去帮助而非伤害他人。这个世界依然存在着价值。

无疑一些人的反应也许会更极端。列夫·托尔斯泰在《忏悔录》中详述了自己的危机，他提出了一个令密尔感到震撼的问题，关乎人的抱负的实现："好吧，很好，所以你会比果戈里、普希金、莎士比亚、莫里哀更出名，比世界上所有作家都更出名，但这又如何呢？"[15]他自己也没有答案。托尔斯泰的恶性循环来得比密尔要晚（50岁才到来）且发展得更糟。"我的整个生命停滞不前，"他写道，"我能够呼吸、吃喝、睡觉，当然这些事是我必须做的；但是生命不存在了，因为满足任何愿望在我看来都不合乎理性。"[16]也可以这么理解：没有什么事值得去做。但那并不是密尔的情况。我也没有经历这种感觉，并且希望你也不会。

典型的中年危机不会转向对理性或价值的普遍怀疑主义，

也不会转向危及正常生活的哲学式怀疑。它们并不祈求一种广泛的虚无主义，而是期望对关于自身和世界的难以捉摸的概念有所把握,这就是它们在哲学上富有趣味的原因。找不到做任何事的理由，找不到追求更好结果的理由，这种无尽的空虚和中年危机带来的空虚不同，究竟是什么将两者区分开来的？这是个哲学问题。如果还存在终极价值,我们的中年究竟缺失了什么？这个问题的答案要求对具体价值予以区分，就像区分手段和目的那样，尽管这更加微妙、费解，也更为深刻。我们需要一块更好的伦理观念调色盘，以描绘中年的哲学肖像。在某种程度上，这种卖弄概念的方式倒可以解决中年危机的困扰。

所以密尔的问题出在哪儿？不是极度的利己主义，也非了无一事牵挂的结果。值得我们关注的还是利他主义悖论,以及这样一个观点：密尔对社会变革的强烈关照给他自己造成了对幸福认知的空虚，这种空虚会折磨所有人，包括你。这一点密尔自己也逐渐认同了。为了知道何以如此，我们必须以批判性的眼光去看密尔思想的第二次转变，重新诊断他的精神崩溃，这一次诊断像是对亚里士多德的悄然应和。

追求不朽

密尔所说的自己观念中的“另一个重要转变”是“头一次，[他] 在人类福祉的首要必备条件当中，为个人的内在修养找到了合适位置”。[17] 他在此所指的是艺术鉴赏对人类情感的表达和完善。

密尔自己作品的美学价值仍值得推敲。维多利亚时代的哲学家托马斯 · 卡莱尔（Thomas Carlyle）曾深受密尔的利己主义悖论影响，他在 1872 年这样建议一个朋友：“错过密尔的自传不会让你失去任何东西。我从没读过如此无趣的书……简直是蒸汽机的自传。”[18] 但我们很难不被密尔的这段读书笔记感动，在经历了两年的精神危机后，他读了威廉 · 华兹华斯的诗歌。

> 华兹华斯的诗歌之所以成为医治我心灵状态的良药，是因为他的诗歌不仅叙述外在的美景，还有动人美景下蕴藏着的情感以及受其感染的思想。它们看上去正是我苦心寻找的情感沃土，在一行行诗句中，我仿佛从内在愉悦的源泉里吸取了养分，从富于同理心和想象力的快乐之源中有所收获，这些是全人类都能分享的；它们与挣扎或缺憾毫无联系，每当人类的物质或社会条件实现进步，它们就将更加丰富。从

这些诗句里，我仿佛明白了，当人生中所有更可怕的邪恶被祛除后，究竟什么才是幸福的永恒源泉。当我从诗歌中汲取正面影响，我瞬间感到自己更加健康和幸福了。[19]

密尔尤其喜爱华兹华斯的《颂诗：不朽之光数少年》。他花了不少笔墨对比华兹华斯与自己的经历："他也觉得，青春时期初次品尝人生欢愉带来的那种新鲜感不可能持续很久；但是……他寻找弥补的办法，而且找到了。现在他正在教我的，正是此中秘诀。结果是，我逐渐并彻底地从习以为常的沮丧中走了出来，再也未曾受其困扰。"[20]

我不嫉妒密尔的康复：对他管用就好。但他做的比较很是牵强。当华兹华斯歌颂着"欢乐和自由，童稚之信条"时，他怀念的可不是密尔那样的童年！关键的事实在于，他们的生活并不相似，但对于密尔，歌颂天性的诗歌正充当了独特价值和情感培育的源泉，这也是华兹华斯诗歌结尾的主旨：

全凭我们赖以生存的人类心灵，
凭它的柔情，它的欢乐和恐惧，
一朵摇曳的小花都能动我心旌，
牵起非啼泣所能尽的深沉思绪。[21]

人们也会挑剔华兹华斯的文字。密尔承认："甚至在我们自己的时代，[也一定有] 更伟大的诗人。"[22] 在密尔看来，华兹华斯是"不具诗意的诗人"，[23] 同时他也坚称，"在那个时候，即使满怀着更深沉和高尚感情的诗句也无法像华兹华斯的诗那样给予我鼓舞"。[24] 在华兹华斯的诗中，密尔"感受到了宁静的沉思中存在着真实而永久的幸福"。[25] 对于天生不解诗意的密尔来说，这次体验算得上是惊人发现。

密尔从艺术的价值中到底获得了什么？他的所得对于深陷中年颓态的我们又有何意义？要回答这些问题，我们需要回顾得更久远一些，直到亚里士多德这位最积极地为宁静的沉思摇旗呐喊的古希腊先贤。借助他的理论工具，我们才能推导出预防中年危机的第二定律。

亚里士多德生活于公元前 384 年至公元前 322 年，是柏拉图雅典学园的学生。柏拉图会开玩笑地昵称他为"努斯"（*noûs*），意为心智或神智。心智生活在亚里士多德哲学中扮演着一个奇妙的角色。关于《尼各马可伦理学》（我之前提过两次的亚里士多德授课讲义集）令人费解的一点，是其花了九卷或者说九章来阐释实践德性，比如勇敢、节制和正义，而最末的第十卷，却通过贬抑实践生活来褒扬纯粹理性。一代代的读者被这个偷梁换柱的手法迷惑了，无数学者前赴后继试图为之辩解。

有趣之处在于，亚里士多德对实践德性不满的原因与密尔为自己转而求助情感培育的理由非常接近。

> 实践德性活动体现在政治或战争事务中，但与这二者相关的行动看起来都没有闲暇可言，战争活动尤其如此。（没人会为了战争而挑起战争；任何出于征伐和屠杀目的对友邦悍然发动战事的人，都会被看作嗜血暴徒。）另一方面，政治活动也无闲暇，而且常常将目标瞄准政治活动之外的东西，比如专制的权力与荣耀，抑或不惜一切代价给自己及同胞带来幸福——这种幸福与政治活动不同，我们也无法在政治活动本身中找到它。[26]

就像密尔一样，亚里士多德担心实践德性的活动——发动战争、从政、变革社会——是靠“挣扎与匮乏”维系的。[27] 这些活动的价值取决于它们致力解决的麻烦、难题和需求。在一个理想的世界中，它们将百无一用。这就解释了悍然向友好邻邦宣战以制造大动干戈的机会为什么是非常愚蠢的行为。密尔还可能会补充，同样愚蠢的还有为了给像他这样的改革家创造工作机会而延续人类苦难的行为。

亚里士多德非常清楚政治家的成就具有终极价值。它们“值得求取，既因自身，亦因他物”，“那是一种不同于政治活动的幸福，我们无法在政治活动本身中找到它。”[28] 他没有花费九卷笔墨在牙科护理和一夜暴富这样仅仅是工具性的事情上，但是对他而言，政治活动的价值是缓和性的，是一种负负得正的价值：它回应不公、苦难和战争，致力于消灭这类恶。当然更好的情况是有一个这样的世界，在那里没有缓和的必要，没有损坏需要修复，没有伤痛需要治愈。这正是实践德性的局限和瑕疵，同时也解释了为什么实践德性被排除在亚里士多德构想的理想生活之外。就像密尔的社会工作和政治改革，他针对的是“挣扎或缺憾”的状况，而我们希望这些状况最好一开始就不存在。[29]

除了缓和危害的作用之外，政治活动能不能有更积极的目标？或许我们的政治家资助了人文艺术、基础科研或是哲学本身呢？大概会吧。但是亚里士多德会抗议：无论我们从国家那儿获得了什么样的帮助，自给自足总比伸手求助要好。而仅仅修正我们的政治理论也无法让我们知道政治家应当支持什么样的活动。

这正是沉思进入我们视野的地方。于亚里士多德而言，沉思不是为了解决理论难题，更不是为了将我们的理论付诸实践，而是为了反省我们已经得出的答案。这一活动“似乎仅因其自身就令人喜爱”，他写道：“因为除了沉思自身，它没有其他产物。而在实践性活动中，我们或多或少会得到些行动以外的东西。”[30] 在亚里士多德的术语中，沉思的生活“毋庸置疑拥有终极价值”，“我们追求沉思从来都是因其本身，而非因他物”。[31] 这听起来可能很奇怪，就好像我们应该为沉思的无用而褒奖它。这到底有什么了不起的？但是，亚里士多德看重的不是沉思的无用，而是其完全正向的价值。沉思不回应麻烦、缺憾、苦难或冲突，它堂而皇之地扮演着一个多余角色。沉思不是为了阻止不公或伤害才有必要做的事情，即便在一个理想世界，我们也期望沉思。与政治活动不同，沉思是悠闲的，“[而且] 幸福依赖闲暇；因为我们的奔忙是为了拥有闲暇，就像发动战争是为了得到和平生活”。[32]

尽管未曾引用亚里士多德的文字，但密尔一定读过《尼各马可伦理学》，还很可能是在 10 岁时读的希腊文版。如果你的改革抱负顷刻实现，你将有何感想？这个困扰着密尔的问题引出了亚里士多德式的区分，缓和性价值和沉思的正向价值是不同的。如果能将世界的不公连根拔起，如果能将人类的苦难彻底治愈，我们还剩下什么事可做呢？在精神崩溃前，密尔也没弄清楚这个问题的答案。尽管他的一系列活动具有终极价值，但它们并非最完善的，而只是回应人类可悲的需求。

在危机爆发后，一切都改变了。在诗歌中，密尔找到了“与挣扎或缺憾不相干的内在愉悦的源泉”。[33]它带来的快乐并非来自克服艰难的喜悦，而是“生活中那些更可怕的恶被祛除以后，留下常在的幸福源泉”。[34]密尔早年生活的困扰是，在减轻人类苦难的目的之外，他找不到一丁点线索来告诉他什么事情还值得做。如果我们最热切的希冀就是免于遭受苦难，过不那么糟的生活，那为何要费劲来人间走一遭？如果一切价值都是缓和性的，值得我们关注它本身的事物或许依然存在，它们本身就是目的而非仅仅是手段，但作为一个整体的生活并不值得过。既然如此，一开始就不存在于世间或许与这样活着一样好，甚至更好。

和我一样，你或许不是如此狂热地无私，或许也不是个雅典式政治家。但困扰着亚里士多德和密尔的问题，依然存在于现代生活中：现代生活有各种待满足的需求，需要支付的账单，需要喂饱的肚子，需要解决的困扰，盘踞着“挣扎和匮乏”。[35]想想那种除了睡觉别无所求的日子：暂时忘掉还有孩子要照顾，不用去做公司的救火员，无须绞尽脑汁讨好你的伴侣。别误会我的意思，这些事情固然都很重要。它们的价值也许是终极的，但本质上仍是缓和的。当你被绑着去完成这些事务，像推磨一样无聊，日复一日，也许就没有时间去做那些你想做却不是必须完成的事了。与密尔差不多同时代的德国哲学家阿图尔·叔本华这样写道：

劳作、忧虑、艰辛和麻烦的确是几乎每个人的生活命运。可是，如果每个欲望一诞生就得偿所愿，人又该如何填满自己的生活，如何消磨时间？[36]

除了阻止事情恶化或者推动事情好转以外，还有什么是值得做的？如果对此你想法全无，叔本华提出的这个问题就会成为你的问题，它也是密尔问题的一个变体。“劳作、忧虑、艰辛和麻烦”诚然不可避免，但这就是生活的全部了吗？

这种危机步步紧逼，有起有落。缓和性活动可能或多或少占据了你的生活，各种需求也是如此，你也许只有零星闲暇才能喘口气。但当这些需求不再占据你那么多时间（也许那时你的孩子已经长大），危机可能就会浮现：你开始感到空虚，你的日子不再被从前那些必须完成的事情填满，你却发现自己无事可做。

这也是中年危机的一种表现形式。像密尔的精神崩溃一样，这不是一种虚无主义。造成危机的不是世俗价值的缺席，而是完成必要工作的折磨。这些工作的确值得去做，但有些事遗漏了。为了清晰描述遗漏之事，我们得在具有终极价值的活动中，把缓和性活动与不只有缓和性的活动区分开来。

尽管哲学家们热爱使用佶屈聱牙的行话，但他们尚未发明适用于这一区分的专用术语，所以我在尽可能长话短说的情况下还是不得不用这样冗长的辞藻。（“不只有缓和性”是一个三重否定：不只是去阻止或消灭一些不好的事物。）这可不是我的错。由于道德哲学忽视了我们之前对亚里士多德和密尔做的那种区分，因此我们需要一个术语来描述什么是“不只有缓和性”。既然它令生活积极向善，而非仅仅比原样好一点，这就解释了生活到底为什么值得过，所以我称这种价值为“存在主义”价值。由此我们得出预防中年危机的第二定律：在你的工作、人际关系和闲暇时光中，具有存在主义价值的活动应当占有一席之地。

这听起来有点宏大，尤其因为关于存在主义价值我们最主要的例子是宁静沉思的价值。要获得这种价值，你是不是非得阅读华兹华斯，或是与亚里士多德一起思考世界的理性秩序？不见得。因为存在主义价值形式多样，也更接地气。尽管密尔和亚里士多德双双使用了“沉思”这个词，但他俩想表达的却完全不是一回事。亚里士多德的沉思是一种寓于科学探究之中的理解活动：它是对以神为目的因*的宇宙结构的思考。引发密尔沉思的则是诗歌鉴赏与更普遍意义上的艺术。（亚里士多德在伦理学著作中只提过一次“艺术的沉思”，用以说明某种你可以与

---

* 亚里士多德为解释事物运动变化提出了“四因说”，目的因（final cause）指的是事物运动变化的目的。

朋友一起开展的活动。）[37]这些活动的共通之处在于他们的非缓和价值。一旦了解了这一点，我们就能打开一扇大门，寻得其他具有存在主义价值的活动。重要的是，即使人类生活的不幸都消失了，这些活动仍可以继续。例子很多，从研习哲学和高雅艺术，到讲幽默故事、听流行音乐、游泳及帆船运动，还有与亲友玩游戏等，都在此列。这些活动也许是对生活难题的回应，也许会让你从痛苦中分散注意力，或仅仅是为了消磨时光。但每一种都能成为没有挣扎和缺憾的“内在愉悦之源”，成为“生活中那些更可怕的恶被祛除以后”[38]幸福的永久土壤。

我们是否由宏大主题摇摆着坠落凡间了？由对神与自然的沉思转而拾起一个有趣的新爱好？既是，也不是。

不是，是因为并非只有兴趣爱好才具有存在主义价值。你也可以在工作中或是与他人的交往中，找到这样的价值。我有难以置信的好运气，能够找到一份让我一边领着工资，一边思考和写作的工作：我的工作内容就是有存在主义价值的，至少有一点吧。（我猜当我写作本书时，或许就有机会减轻人类的痛苦。但这事说不准，而且我确信你不会这样评价我其他的书。）还有一些工作对于物质的或非物质的生产有贡献，亚里士多德会否认它们具有存在主义价值，因为它们不过是满足需求罢了。在理想世界中，家具和食物可以长在树上等人采摘。这与亚里士多德对艺术价值的漠视一脉相承，我们不必赞同他的观点。我们可以坚信，木工和烹饪也能成为理想生活的一部分，如果它们依赖于人类的需求，也不会是那种最好原本就不存在的需求。工作可以具有存在主义价值，友谊也是同理。这一点会让亚里士多德很费解，因为他坚信沉思是唯一存在主义的善。（最好的朋友在亚里士多德那里是有助于我们沉思的人，但如果可以离开朋友独自沉思，我们大概就应该这样做。）我们自己没必要那样想，即便在一个理想的世界中，我们大概也会愿意与朋友们共度时光。

但另一方面，许多有价值的工作确实是缓和性的，如我们需要医生、教师和社工。而兴趣爱好的确可具有存在主义价值，比如中年正是开始打高尔夫的好时候，这是最具存在主义的一种活动了。你还可以去跳拉丁舞，或者弹钢琴。与其在向中年妥协的世俗生活中倍感消沉，不如换一个角度看问题。我们无聊的消遣远比我们想象的更有意义。亚里士多德批判实践德性的生活时，通过构想不需要缓和任何东西的神来阐释实践德性的缺点：“我们认为神最是享有福祉与幸福的；但神的行为是什么样的？公正的吗？如果众神间也有订立契约、欠债还钱一类的事情，看起来不是很荒谬吗？……节制的行为呢？既然众神没有什么不良嗜好，对他们节制的夸赞不是索然无味吗？”[39]（可笑的是，奥林匹斯山上的众神时常争吵，放纵，和凡人睡觉；在亚里士多德看来，他们根本就不是神。）具有存在主义价值的活动与永生不朽相称：它们可归属于理想生活。当你与朋友玩“大富翁”或读书自娱，你正分享着神的生活。

请允许我说说哪些意味是以上分析所没有的，以便在此了结。它不意味着存在主义价值比其他任何事物更重要，或总是应当居于首要位置。尽管亚里士多德几乎持有这类危险的观点。

> 我们绝不该听信有些人建议的，人类就要思考人类的事情，凡胎就要思考凡胎的事情。相反，我们必须尽最大努力追求自身的不朽，拼尽全力过上与我们内心最美好的东西相配的生活。因为，尽管美好的东西为数不多，但其力量和价值却远远胜过一切。[40]

我不认同亚里士多德。当生活的需求非常迫切，紧急到不能忽视的时候，终日执迷于沉思、读华兹华斯或打高尔夫就大错特错了。凡胎还是要想凡胎的事。

但如果你失去了与存在主义价值的联系，如果你无法为神性活动（那些令你的生活开始值得一过的活动）在自己的生活中找到空间，你就面临着与约翰·密尔无异的中年危机风险。有时候，你应该抓住机会，追求自身的不朽。

牢房的阴影

我们从密尔身上学到了什么？像密尔这样的人，危机已经在路上等着他们了：他们的生活缺少存在主义价值，最渴望的事物不过是缓和伤害，对他们来说，消除痛苦很好，和有这样的痛苦等待消除一样好。这真是一种极度悲观的看法。只有像密尔那样的童年，才会遮蔽诗歌带来的欢乐，掩盖满足他人需要以外其他事物的价值。

还有更多司空见惯的危机，尽管它们不像密尔的危机那样黯淡，仅仅表现为存在主义价值的相对缺席（不足而非全然没有）。工作和家庭的重压令人不想做其他任何事情——如果这就是你的生活，那么你就得为具有存在主义价值的活动腾出时间。这些活动相比做好你的工作或确保孩子们衣食不愁或许不那么重要，但它们的价值是全然不同、不可替代的。

我在前文说过，中年危机有很多种类。受约翰·密尔的启发，我们已经讨论了其中的一种，即关于不可避免性的危机（a crisis of necessity）。这里有些讽刺的是，教会密尔解决早年危机的那位诗人自己也遭遇了危机，他没有密尔那样的乐观心态。密尔引用了《颂诗》作为自我治愈的指引，可能想起的是这些诗句：

> 袭上我心头，曾有愁思几缕，
> 及时排解，未积成胸中块垒，
> 又同前，身心壮健。
> 泻瀑自悬崖正把号角吹起。[41]

但号角似乎吹早了，因为下一节诗这样结尾："哪去了，空灵的焰，梦幻的辉？ / 哪里还有那般梦境，那种瑰丽？"这还真治愈啊！怀旧与失落的氛围不断地重复，正如华兹华斯的诗歌一次次企图回归到被社会的"牢房"束缚住的童真和自由。

那么最后四行诗句*怎么样呢？它们是像密尔所想的那样，在颂扬被自然启迪的情感吗？不，实际情况要暧昧得多。牵起我们深沉思绪深的是啼泣，而非微笑。"牵起非啼泣所能尽的深沉思绪"这句诗扮演了思想深度的角色，这一深度只能通过语言笨拙地表现出来，这句诗同时也承担了"社会规范"的角色，雕琢和压迫诗歌的其余部分，就像诗人的感受必须符合格律。甚

---

* 即 23 页引用的以"全凭我们赖以生存的人类心灵"开头的四行诗。

至诗歌本身也已经被文明的障眼法（它就像是社会牢房墙壁上的胡写乱画）耽误了。

华兹华斯没能从他的中年危机中恢复过来。在35岁完成《序曲》（*The Prelude*）的第一个完整版本后，他便江郎才尽，在余下的40年生命里几乎没写什么文字。没有什么能够“唤回过去的时光 / 那早已零落的花卉的芬菲”。你无须像华兹华斯一样相信灵魂不朽，化身重生，“曳着光辉云彩…… / 我们从天帝那儿来，那是我们家园的所在”，并深深怀念那青春年少时的广袤天地、锦绣前程和无拘无束。尽管再没有回头路了，但我们可以扪心自问，自己究竟在怀念人生定型之前那段时间里的什么东西。那是35岁或50岁，对乔治 · 奥威尔而言，到了50岁“每个人都有了他应得的那副面孔”。[42] 拥有选择权的价值是什么？我们该如何接受错失机会的现实？我们能否“在有了哲人般的心灵之后 / 从留在身后的时光里”汲取力量？在下一章，在小说家和哲学家的帮助之下，我们将试着解答这些问题。

Chapter 2

错失

当我告知朋友们自己正在研究中年危机，我不得不先容忍他们取笑一番，才有机会询问他们要写这个题材有哪些书推荐阅读。得到推荐的大部分是小说，而小说又大部分出于男性作者笔下。有的是我在前面已经引述过的，有的将很快与我们见面。还有其他作品：从幽默小说（理查德 · 鲁索的《耿直之人》）到黑色幽默小说（索尔 · 贝娄的《赫索格》），再到荒诞小说（理查德 · 耶茨的《革命之路》）。[1] 这些作品描写的中年危机或多或少有些共性，它们都符合对中年的刻板印象——一段失去机会、愿望受挫、社会负担沉重的时期。在中年，“错失”无处不在。

也有些朋友以亲身经历而非虚构故事回应我，他们发觉自己的阅历就印证了中年危机的这个传统叙事。以下随笔来自一位十分成功的同事：

> 仅供参考，我最接近中年危机的时候大约是在1994年中段，那时我刚满40岁……我的生活一帆风顺，然而有三个年纪尚幼的孩子要养育，还有一大笔抵押贷款得偿还，我清楚地认识到自己已不可能再转行干点别的……噢，我不知道……也许写小说，拍电影，做个民谣歌手或是做其他什么我曾常常憧憬着想做就能做的事。养家糊口的需要形成一股强劲的力量，将我锁定在那些我一直在做并将永远做下去的事上，随之而来的压抑无穷无尽。当然，尽管难以置信，中年危机可能是种自我陶醉，而且［我妻子］就完全没有遭受其苦。但是现在，我觉得奇怪但十分欣慰的是，它可能是一种文学体裁！

慰藉还有很多，要先认识到，熟悉是领悟的前提。那么对于错失，有什么更有效的慰藉吗？我们也得面对亲身经历。我的情况一言难尽……

起初我想成为诗人。我在7岁时写了人生第一首真正意义上的诗：一首歌咏荒凉操场的双行韵诗，仿佛艾略特（T. S. Eliot）遭遇了奥格登·纳什（Ogden Nash）。我不会违心地自夸这首诗有任何妙处。后来，我开始在卡罗尔·安·达菲（Carol Ann Duffy）执教的研习班接受严肃的诗歌训练。达菲是现任桂冠诗人，但在当时还不那么出名。她把人物设计布置在纸片上并放进一顶帽子里供我们抽取，让我们从所选人物的视角写十四行诗；而且，前四行必须描写他们透过窗户看到的东西。我选择了“时装模特”，那时我只有 12 岁，似乎别人有选到“宇航员”。在紧张和尴尬中，我努力想象别人眼里的世界是什么样的，这大概还是人生头一次。达菲喜欢那首诗，我也享受创作它的过程，而且更令我欣喜的是，这首诗与我之前写的任何东西都不同。但是，我最终还是没能做个诗人。

我一度也想从事医疗行业。我父亲就是个医生，他也期望自己的某个儿子能承继家业。他从 20 世纪 80 年代的情景喜剧《不要等待》（*Don't Wait Up*）得到了启发，因为剧中有一对父子都是皮肤科医生。父亲认为皮肤科是个“保险”的行当，因为鲜有病人死亡。可是我更愿意去挽救生命，尽管我晕血。但当父亲的推动变成逼迫，我还是遵从自己的内心开始读哲学。所以你看，就是现在这样了。

我不后悔自己的决定。我不认为诗歌创作或医疗行业会让我生活得更好，事实上很可能不如现在。我一直很幸运：我幸运地在陷入学术财务危机的时刻得到了哲学终身教职；更幸运的是，我得以在麻省理工学院提供的经费支持和稳定环境中容身；我还有幸拥有诸多优秀的同事和学生。如果你期待我讲一些灾祸，那么你可能得等等。下一章才是关于人陷入不幸时的感受，本章讲述的是我们在顺境中仍会抱怨的事。当我不顾一切地开启了实验，掏出“医生”或“诗人”这些个人履历里藏起来的身份，去追寻可能性之树的一根已被砍断的枝丫，我确实有一种近似于悔恨的失落感（sense of loss）。我再也不会写诗，也无力去挽救生命。我看不到从现在所处的位置走向这些可能性的通路，我也不会有读医学院或成为一个好诗人的未来。（无疑，亲爱的读者，你会期望我要是同时拥有这些身份就好了。）即使我去做了，那也不是我 17 岁时想象的生活。当回望年轻时的自己，我是充满嫉妒的，因为那时候的我还有选择的机会，还有权利从心所欲地做些什么。现在我的人生已经盖棺论定：航路确定，路径固化，可能性的大门已向我关闭。

这样的描述可能不讨人喜欢。因自己无法将全部可能性一网打尽而哭诉是不得体的行为，但这么做也有一定意义。也许你期望自己有勇气去过未曾经历的生活，也期望能做那些你本可以做却没有做，而且将来也没机会做的事情。如果你也有错失感，或对一段时光充满怀恋却根本不知道如果真的身在其中会走向何方，你不必因此觉得自己是在犯错。我当然乐意围绕你的故事展开写作，之所以拿我自己为例，除了可操作性的考量外，还在于我沉闷异常的故事更加典型。我计划以职业问题为例，是因为它既是现实生活中的问题，又有思想实验般的典型简洁性。人到 40 岁时，通常已经换过 13 个工作，并打算随时跳槽。[2] 生命之树无疑有更多枝杈，顺着此人未曾经历的生活肆意生长。我的则着意修剪了。三根枝杈——诗人、医生和哲学家——一根还活着，两根已经死掉，单调递减的事实昭示着任何人都难以摆脱的命运：错失。哲学能帮我们坦然面对错失吗？它能教会我们接受自己壮志难酬的不甘，克服或理解对逝去青春的怀恋之情吗？在本章，我可以宣称，哲学在一定程度上确实可以。

软体动物的生活

通常，哲学能做的首先是找出事物的特质并给它一个名字。并非你的一切决定都会产生我们在这里讨论的失落感，我们要做的正是将其中符合定义的识别出来。

假设你将得到一笔奖金且你必须自己选择金额：一张 50 美元的钞票，或者两张。在其他条件同等的情况下，我想你会毫不犹豫地选择 100 美元。做这个决定你不会有任何心理斗争，也不会失落或遗憾。因为失去选择那个更少数额（50 美元）的机会而悲伤，才荒谬可笑。拿一个在某种程度上已经用滥了的术语说，你面临的选项的价值是可通约的（commensurable）。

可通约价值通过单一标准衡量测得，因此较大值会抵偿包含较小值。既然你想要钱，而拿到 100 美元比 50 美元能更好满足你这个欲望，你没有理由因为拒绝了 50 美元而感到不满足。

这样的决策机会相对罕见。让我们想个别的例子，假设你必须选择听去一场十分感兴趣的讲座，比如关于星际旅行或关于俄罗斯套娃的历史的讲座，或者去参加一位认识不久并且希望深交的朋友的生日聚会。你左右为难，不过经过深思熟虑，你觉得朋友聚会更重要，所以你就去了。不像在 100 美元和 50 美元之间选择 100 美元，这个决定包含无法抵偿的损失。知识的价值和友谊的价值是不可通约的，可能你觉得选择后者有充分理由，但无论哪种选择价值更大，都不能包含价值较小的那一个。你想听那场讲座的渴望无法在生日聚会上得到满足，它产生的不满足感会一直萦绕在你心头。

这么说可能过于夸张，你不会被错过讲座的记忆持续折磨，但是不可通约性在一些场合会造成更加激烈的矛盾冲突。威廉·斯泰隆（William Styron）1979 年出版的小说《苏菲的选择》（*Sophie's Choice*）中，一位被关在奥斯维辛集中营的母亲不得不决定自己的两个孩子孰生孰死，否则两个孩子都将被害。[3] 她最终选择牺牲女儿，并在痛苦的自责中度过了余生，尽管很难说她当时有什么别的选择。一个孩子性命的价值跟另一个孩子的是不可通约的。在让-保罗·萨特一篇著名的文章中，他记述了自己的一名学生前来寻求建议的事。那名学生问萨特自己应当如何选择人生道路，是该冒生命危险参加抵抗运动，还是留下照顾自己孤单绝望的母亲。[4] 难以挽回的损失不可避免。

关于可通约性，最明晰的例证还是与手段（比如财富）有关，我们追求这些东西是为了更长远的目标。当然原则上，终极价值也可以有通约性。我们在上一章提到过的杰里米·边沁就通过“幸福计算”（felicific calculus，计算过程是用快乐单位来抵消痛苦单位）来理解幸福，而幸福本身对边沁来说则是“衡量对错的尺度”。[5] 他将快乐视为一种同质的感受，就像不同的背景杂音，没有本质不同只有强弱之分，只不过快乐是越强烈越好。约翰·斯图亚特·密尔有一句著名的误引：“如果快乐不分多少，图钉游戏和诗一样好。”[6]（图钉游戏是一种 19 世纪流行的英国儿童游戏。）在边沁看来，在两件令人快乐的事之间做出选择，与在两沓钞票之间做出选择并无二致。你还是应当二话不说选择能够带来更多快乐的那个，因为你得到的快乐包含、抵偿了你放弃的快乐。你什么也没有错失，因为你得到的是一样的东西，而且更多。与金钱的价值不同，快乐的价值是终极价值。因为根据边沁的学说，享乐是人生的首要目的。

这样的术语有帮助吗？当我反思那些没做的事——未写就的诗句、没挽救的生命，自我安慰说诗歌、医学和哲学这三者的价值不可通约，这能起到多少效果？你呢？面对已经走过的人生路和错失的一切，上面这样的自我安慰会让你感觉好些吗？可能不会。

但是等等，还有另一个办法来审视我们的处境。为什么明明一切都很顺利，我们还要面对不满足感的困扰呢？为什么人到中年会觉得错失了什么？我们无法拥有想要的一切，我们已拥有的无法抵偿和包含未曾拥有的，因为我们面对的种种选择是不可通约的。世上有太多值得期待、值得关注、值得为之努力奋斗的美好事物，不胜枚举；人生也有丰富多元的价值。除非你对大多数有价值的事物采取无视态度，或者你对于事物价值的认识狭窄到病态，不然你很难不错失什么。可是，没人想要无视美好，没人想变得见识狭窄。

什么样的生活才能让你免遭无可挽回的损失——当你面对两个不相容的选项，它们的价值要么可通约，要么其中之一必须对你毫无价值。那样的话，你就不能同时喜爱诗歌、医学和哲学了，生命中大部分美好的事物都将被排除或抹去。你的精神生活将是单调乏味的：没有内心冲突，但情感生活也毫无丰富性可言。

你可能想追随边沁，学好享乐主义方案，这样一来，唯一的“好”就是快乐减去痛苦这样的“幸福计算”。但是边沁的理论并不那么令人信服，不仅因为生命除了苦乐感受外尚存其他的价值，还因为快乐也常常是不可通约的。当你不得不在看日落和听音乐会之间做出抉择，你也许会决定去听音乐会。而做这一决定时如果你的内心产生了冲突也情有可原，壮美夕阳带来的视觉享受难以因音乐之声得到满足。我们想要的快乐是特定的，而非同质的享乐主义背景杂音。

要实现价值间的可通约性，你必须抛弃不同种幸福的多样性和有别性。你也必须仅关注你享有的数量，而非品质或对象。你的欲望必须极度简化，这要求你消灭掉大部分美好的事物，或者漠然地对待它们。“这样一来你过的就算不上人类的生活，”就像柏拉图在《斐勒布篇》（*Philebus*）里写道的，“而是软体动物、海洋中有壳动物的生活。”[7]

期望自己的人生没有任何失落，就是期望这个世界贫乏不堪，或期望自己极度地鼠目寸光，以至于对失落全无意识。对此我还有些话要说，从自我反思的角度来讲，由于价值的不可通约性本身可能带来负面影响，因此面对不可通约性而产生矛盾心理的情况可以理解。但是总体来看，为了弥补伤害而选择自我退化有悖常理。

从上面的例子中，我们学到的并不是规避中年危机的方法，而是从容应对它的建议。错失可以说是多彩人生的无情副作用，这点倒给人一些安慰。因为它同时是美好事物存在的反映：它们如此之多，那么令人神往，一份人生不可能囊括所有。即使永生也不能做到：你会在特定的时间做出特定的选择，走出不可更改的人生轨迹，即使一切推倒重来，当时的其他选项也会变得不再一样，你过上的也是不同的永生。结果是，错失依旧发生在你身上。

所以要告诉自己：尽管我可能会因遗憾而后悔，并且期望万事顺利、心想事成，但我最终并没有办法完全满足自己的欲望。失落感是真实的，必须接受它，而不是期望它远离自己。把你失去的东西当作精彩生活的公平对价，拥抱它吧！

地下室人

这样的结论还不尽如人意。首先，它并没有帮助我们避免错失带来的困扰，而只是要我们接受错失。这实际是种认知疗法，旨在改变我们的思维方式，进而改变我们对某一具体境况的感受，但并不会对这一境况本身做任何改变。此外，它也无法宽慰经历过那些不必要的错误、不幸或失败的人，毕竟要不是因为这些憾事他们本可过得更加称心如意。

我们将在下一章直面这些逆境，但在那之前要先解决一个更迫切的问题：目前为止，我还没有处理错失的时间维度，也没有把它与怀旧情绪的关系讲清楚呢。为什么人们深深怀念过去那些前路未定的日子？为什么艳慕青春？并非因为那时候的你拥有想要的一切——恰恰相反，求而不得才是童年时代的主旋律。如果你还没有尝过痛失心头所爱的滋味，别着急，你迟早会的。

有关怀旧的奥秘正是约书亚·弗里斯（Joshua Ferris）新近的小说《曼哈顿的孤独诊所》（*To Rise Again at a Decent Hour*，2014）里探讨的一大主题。故事写的是一个孤独而又漫无目标的男人：他对万事皆无热情，除了波士顿红袜队；他是个无神论者，却对绝对存在、宗教话语与宗教团体充满怀旧感。这是一部关于自由社会中个体生存境况的小说，旨在探讨自由与现代性的错位。[8]就像珍妮特·马斯林（Janet Maslin）在《纽约时报》刊文称，这部小说也是“牙医文学的巅峰”。[9]

身为英国人，我十分清楚“（龋）洞”的字面义及比喻义。*

---

* “cavity”字面义是“洞”“空腔”，也用来表示蛀牙上的洞。人们对英国人的牙齿存

牙齿的龋坏不像皮肤长皱纹或中年发福那样不易察觉，它以显著的功能退化传递这样一条消息：你的身体状态日积月累、无法回头地走上了下坡路。牙齿不像骨头那样能够自我修复，只会持续腐坏，仿佛是颅骨暴露在外的部分正在甚至已经坏死。陀思妥耶夫斯基笔下那位存在主义危机的象征人物，“地下室人”，就曾经整个月害着牙痛，不知这是否是个巧合？[10] 几年前，在一家大酒店举办的哲学会议上，我问一个工作人员：“你觉得我们是做什么的？”她的回答是：“牙医。”——一个从我们蓄的胡子来看不太合理的猜测，而且不像是赞誉。或许她感觉到了我们与牙医一样，都凝视着深渊。

我们拼命无视自己的身体机能正在衰退的事实，可牙齿却让它昭然若揭，就像弗里斯在小说里叙述的，牙齿“吹着口哨走过犹如坟墓的每一张嘴巴”。[11] 我们也会希望扭转它，就像马丁·艾米斯（Martin Amis），他用自己的一部关于中年危机的小说——《信息》（*Information*）——的预付版税去做了大量的牙齿修复治疗。[12] 但衰退只是时间问题。“在 40 岁生日的清晨，他看着镜中的自己，”艾米斯描写他书中的主人公，“理查德感到没人应受到他这样的面容摧残。”[13] 就算不在 40 岁，也会是 50

在偏见，很多笑话嘲笑英国人的牙口不好，这里算是作者的一种自嘲。

岁，或是 60 岁，身体总会暴露它的年龄。

我多么想告诉你哲学能够帮你终止变老的进程，帮你暂停生物熵*的累积。但哲学不能。为了吸引大家来读，本书需要一个附录来告诉你获得更光滑的皮肤、更结实的腹肌和更灿烂的笑容的三个速成窍门。说不定下个版本会有？假如你青春不再的形象会勾起怀旧情绪，如果你嫉妒自己 1996 年的照片里的面庞，那我能提供的最佳建议就是提早开始怀念。就像诺拉·艾芙隆（Nora Ephron）写的那样："你在 35 岁时对自己身体怀有的一切不满，将悉数成为你在 45 岁时的怀念。"[14] 这就是预期怀旧法：想象一下 10 年或 20 年后，当你面对着眼前镜中的这张脸，面对着自己现在的身体，你会做何感想。身体可能，也确实将变得越来越糟糕。

问题不仅仅是失去你的青春容颜。当年华老去后，外貌变化不过是我们的哀悼对象中很小的一部分，年龄的增长还导致精力、体力、活力的耗减，身体机能逐渐衰退。年龄的增长也标志着人生前景愈发晦暗。相比之下，青春代表着充沛的力量和充满无限可能的未来。每当我思索"错失"，每当我嫉妒自己的 17 岁，以上就是我的所思所想，就是我的怀旧对象。

---

* 表征生命活动过程质量的一种度量，熵增意味着衰老。

在这里，弗里斯的小说揭示了一个困惑。看看他笔下那个漫无目标的牙医保罗 · 奥罗克吧，他不断说服自己别要孩子：

> “我想，现在终于有了可能成为一切的东西了：孩子。从他们出生那一刻，直到你行将离开这个世界，他们聚在你周围聆听你的遗言之时，以及这之间的所有重要时刻。但是要让他们成为一切，他们也必须成为（你的）一切：你不能去饭店了，不能去百老汇看剧了，什么电影、博物馆、艺术馆，以及这座城市提供的其他所有活动，这一切都没有了。对于我来说，那并非一个不可逾越的难题，因为这些场所我过去享受得也不多。但是这些东西以选择的形式留在了我的生活中，而选择十分重要。”[15]

拥有一些你终究不会选的选项、一些你不可能去走的道路，对你而言有何价值？对保罗来说，“[每一个] 夜晚都是无限的可能性过期的夜晚，都是虚度人生的夜晚，都是机会被一笔勾销的夜晚，而这些机会本可用来不断发展、探索、冒险、希望和生活”。[16]他放弃了一个机会，只为挽留更多自己根本不会选择的机会。这毫无意义！

我的怀旧感与保罗的任性有何不同？渴望拥有开放的未来

和全部的机会，这似乎是再自然不过的事。可再仔细想想，又很难说出个所以然。假如你的人生一切都得偿所愿，你做出的选择都不比你放弃的那些差。（我们暂且不理会错误、不幸和失败。）那么你失去了什么？假如我不认为自己走错了路，那为什么我要怀念还没选哲学、本可以成为医生或者诗人的时光？我从这些新冒出来而我又不会选择的可能性中会得到什么？

终结一个笑话的最好方式是解释它，所以很抱歉，在道德哲学家杰拉尔德·德沃金（Gerald Dworkin）的启发下，[17] 这里我要进行一些论述，来解释一下保罗可笑在哪里。（有一点点技术性，难免折损趣味，但能换来理解。）设想一下有 A、B 和 C 三种局面按优劣顺次排列，三者之中，相比 C 你更喜欢 B，而相比 B 你更喜欢 A，可你只能选择其中一个。现在假设就像保罗坚信的那样，拥有更多选择很重要：多个备选项的存在就具有终极价值，加上它们作为备选项本身也有价值。这样一来，同时拥有 B 和 C 的选择权就优于选择 B 而放弃其他可能性，这听起来不错。可是诡异的是，如果 A 只略微比 B 好一点点，且“还有选择”本身就具有价值，那么显然同时拥有 B 或 C 的选择权就优于仅选择 A，哪怕单独来看相比 B 或 C 你更喜欢 A。当你拥有 B 或 C 的选择权时，你拥有的是即将选择的 B 的价值加上选择权带来的价值；而如果选择权带来的价值大于 A 与 B 的价值差，单独来看，同时拥有 B 或 C 的选择权就优于只得到 A。但那多可笑啊！谁会宁愿要在两个不如 A 的选项中选择一个而不要这个 A 啊？

这并不是个修辞问题。地下室人享受着他的牙痛，对我这样“自以为是”的人全然不理，而采纳了那个在我看来十分荒唐的偏好：“他们凭什么认定每个人的选择都必须合乎理性、于己有利呢？人想要的不过是独立的选择，不论这独立会花费何种代价，也不论这独立会将其引向何方。至于这选择是什么，当然，鬼才知道呢。”[18] 但当你真的和一个享受牙痛的人分享着同样的偏好，你会发现自己又误入歧途了。选择权并没有保罗所设想的价值。

这些都指向前文提到的困惑，它关乎怀旧，关乎年轻时拥有的更多可能性，这正是我的困扰。如果我并不为自己走过的人生之路感到悔恨，那么我曾拥有的其他备选项对我而言又有什么吸引力呢？为什么我会为自己不曾选择过的可能性而纠结？是我犯糊涂了？

别急着回答，先想想弗里斯和德沃金的论证说明了什么。它给选择权的价值设定了限制。如果在单独考虑时，你喜欢 A 胜过 B 或 C，那么偏好在 B 和 C 之间进行选择而非选 A 就太愚蠢了。但在一种情况下希望拥有选择权仍可能合乎理性：与其毫无选择权，不如拥有 B 和 C 之间的选择权，这样好赖还能选 B。

要或不要选择权都有充分的理由。一个局面的意义，可以取决于是否有其他备选方案（不论备选方案是好是坏），它的价值会因此产生差别。苏菲面临的困境的糟糕之处部分在于，她选择了谁，谁便可以活着，可是必定有一个孩子会死去。在这种情况下，不得不做出选择比别无选择更糟糕。

雷金纳德·佩林的生活提供了一个欢乐一些的例证，他是一部风靡荧屏的电视剧的主人公，该剧由大卫·诺布斯（David Nobbs）的小说改编而来。[19] 如果有读者没看过这部上世纪 70 年代末的英国情景喜剧，那我来给你们讲解一下剧情：雷吉·佩林逃离了他在“阳光甜点”餐厅重复、卑贱又无聊的工作，伪造了自己的死亡，把所有衣服和旅行箱都丢弃在一个沙滩上。然而经历了一大堆倒霉事后，他伪装成“马丁·威尔本”回归了原先的生活。他娶了雷吉的“遗孀”伊丽莎白，并回到餐厅取代离职的雷吉继续工作。如此煞费苦心构造一个滑稽的循环用意何在？雷吉想要证明什么？

> 到底为了什么？证明他不是区区一个弗洛伊德式错误、创伤性经验、失败的教育及无意义资本主义的产物？证明他不只是过去 46 年时光里每日每夜、每分每秒的产物？证明

> 他有能力按一种无法被完全预料到的方式行事？证明他的过去无法禁锢他的未来？证明他不会按部就班地在某个特定日子的特定时刻死去？证明他是自由的？[20]

冒着终结又一个笑话的风险，我得说雷吉的生活虽然荒谬却也不比旁人差，他要逃离的不是他的生活，而是那种别无选择的感觉。他的天才在于：解开自己作为平凡存在的绳索，只为接下来重新系上它，而绳索因为他的意志表达有了改变。不管看起来多相似，最终雷吉与伊丽莎白的婚姻以及他在“阳光甜点”餐厅的工作与起初的状况已有了某些不同。尽管很讽刺，但这些构成了他自己选择的世界，而不是他无法逃离的监狱。

雷吉·佩林这个形象是对保罗·奥罗克和地下室人充满喜感的反击。他认为拥有选择权很有价值，足以抵抗现状，但尽管如此重视选择权，他还不至于为了能在更糟的结果之中选择而牺牲更好的结果。就这样，他从上述论证的缝隙间一溜了之，仿佛这缝隙正是为他准备的。他堪称是一个存在主义英雄。

在我自己的怀旧中，雷吉也是个值得说说的好例子。即使一切都很好，盼望拥有选择权或憎恶当下的束缚也不是全无道理。现在，我已经不能像曾经设想的那样当一个诗人或医生了。如果我选择继续研究哲学，摆在我面前的就不再是诗人或医生，而是一些更加受到束缚的选项。从这个层面说，我现在所做选择的意义，已不同于 17 岁的我所做选择的意义了，有些东西已经丢失。中年正在错失的，不只是其他的人生可能性，还包括拥有这些可能性对于当下生活的意义。我希望自己像本章开头提到的同事所想的一样，工作就是因为我想要工作，而不是因为我得赚钱付账。

同时，误解的危险仍然存在。可能性丧失产生的损失存在于我们的生活中，人们也许会错误地把它当成眼前生活缺陷的根源所在。为中年的局限性悲叹并没有错，但如果认为这些局限性恰恰说明放弃 A 以换取选择 B 或 C 的机会（这样分明更糟的激进改变）是正确的，可就大错特错了。事实是，你并没有雷吉 · 佩林的智慧，你在中年所做的决定无法与 20 年前的同日而语，更何况即便是雷吉也无法扭转时间的流逝。

所以，下面我提一些哲学建议，如果它们还算不上定律的话。这样告诉你自己：你有理由去改变自己的人生——挫败的工作、失败的婚姻、糟糕的身体状况——但是改变具有的吸引力本身可能就有欺骗性。因为拥有选择具有价值，你将怀念拥有它们的滋味，这是支持怀旧的一个理由。但这一价值很容易被高估。就算可以选择的是单独来看你不会喜欢的结果，但选择权本身可以弥补它们的不足——有这样的想法就太愚蠢了。在拆掉你家之前请三思，想想你痛恨的到底是家里的空间，抑或只是讨厌它有围墙？

一些安慰

究竟是什么把过去与现在、怀旧的渴求与挫败的愿望捏合在一起？我们还有最后一条线索去揭开谜底。到了中年，你将不可避免地错失一些意义重大的愿望，我们的故事就从这儿讲起。“你无法拥有一切，”史蒂芬·赖特（Steven Wright）略带嘲弄地说道，“不然你把它搁哪儿呢？”[21]

错失也不是什么新鲜事。在 17 岁那年，当我不得不决定自己追寻的方向是诗歌、医学还是哲学时，它就真切地出现了，我知道它就在身边。尽管有父亲的坚持，但如果只能把读哲学或写诗作为副业，我不会开心的。不过，虽然当时我意识到有些事不得不放弃，我没有像现在一样觉得失去了什么。这就又有了一条嫉妒青春的理由：不知为何，年轻时的我似乎对愿望落空带来的伤痛免疫。而现在，人到中年的我们暴露在伤痛中。

有什么能够真正解释这一转变的吗？既然错失自始至终存在，为什么它的情绪成本会增加？一个明显的差别在于，年轻时错失尚未到来，而现在它们近在眼前或已成事实。我没有过着之前不想尝试的人生，我也从未去过那样的人生。尽管时间一去不返的特征加重了中年危机，就像我们将在第 4 章所见，但归根到底，因错失而生的怀旧不是个时间现象。

通过进一步化约我已经十分简单的生活，我们可以更清晰地说明这一点。假设我必须在 18 岁确定自己的生涯走向，且无法反悔。这真是个艰难的选择，因为一旦做出决定，18 岁的我将即刻感受到现在正困扰着我的失落。我能料想到将被的东西是什么：无法写就的诗歌，不能挽救的生命。这些损失尚未发生这一事实也无法让我免于气馁。

即使在真实的、未经简化的生活中，投身哲学这个可逆的决定有时也会让我遗憾，因为我将因此放弃其他未来选择。当我嫉妒 17 岁的自己时，我所真正嫉妒的并非未来丰富的可能性，而是那时的无知无畏：17 岁的我还不用被迫做出选择并得知自己将失去什么。在哲学家的术语中，真正的转变不是时间上的，而是“知识的”（epistemic）：这样的转变与知识有关。在情感上，知道我将错失一些美好的事物和具体知道将要错失些**什么**有着本质不同，知道我不会达成所有的目标和知道**哪一个**无法达成同样天差地别。我是在得知自己无法做诗人或医生的时候才遭遇了错失之痛，而不是在那之前。

或者可以这么说，错失的痛苦发生于我真正做决定的那一刻，发生于我在纠结中郑重考虑的时候。可不止我是这样，有经验证据表明，当选择可能造成无法弥补的损失时，人们往往深陷于选择的挣扎中。在 2001 年一项选车行为调查中，购买者面临汽车的各种优缺点，“研究者的结论是，在决策中面临迫不得已的权衡会令决策者不快且犹豫不决”。[22] 这个发现站得住脚：它在一次又一次研究中重复出现。[23] 在不可通约的价值间做选择，即便只是假设或预想，也会激起愿望落空的感觉，难怪我们会觉得反感。也难怪我们讨厌做决定，因为无论我们怎么选，都明知自己不会满意。

把怀旧与错失联系起来的，不是我们曾经拥有全部的可能性，而是我们曾经不必担负起各种职责，也不必面对因此而来的失去。在现实中，担负起职责是一个渐进的过程，不是在 18 岁时签署一些不可变更的合同便能一蹴而就的；选择的余地随着时间流逝而缩减。起初你很容易忽略这一事实，直到发现时一切都晚了。就像在我回想着 17 岁时无忧无虑的生活（那时我根本不知道自己会失去什么）时，我才意识到自己已经 40 岁了。

当然，不论我尝试把青春描述得多么令人神往，我的叙述中还是有些不实成分。不知道自己将来不会做什么也有一个主要的缺点：你也不知道将来要做什么。有个办法能揭露出怀旧的冲动是多么反常，那就是设想以别的方式满足怀旧。如果我想要的就是对我正在错失的事不知情，好让自己感觉不到损失，那我为何不期待患上逆行性失忆症？借助忘却过往，我能再度得到 17 岁时所拥有的，也许我会记得我是诗人、医生或者哲学家，但不记得我到底是三者中的哪一个。看起来可能很奇怪，但这种“情感缓刑”的确有吸引力，我有理由去嫉妒这个健忘的自己，因为他回应了对青春时代各种机会的怀旧之感。我并非嫉妒他的未来，而是与我相比，他能免于悔恨。可即便如此，就算你有机会患上失忆症，我怀疑你是否情愿，至少我不愿意。原因不言自明：失忆是非常痛苦的事，部分因为它包含了身份认同的丧失，这是一个灾难性的状况：我是谁？我正在怎样过生活？

别忘了这些事在 17 岁时也可能发生。不知道自己将会做些什么或许能令人自由，但它也带来迷茫。作家梅根·道姆（Meghan Daum）新近写的文章提及了这个矛盾：

> 现在任何场合下我几乎都不是最年轻的人了，我意识到自己对那些时光最为想念的，正是年轻时逼疯我的东西。我想念一切都还没开始的感觉，未来离过去很远，当下还只是准备阶段，规划用什么闪亮的建筑构筑我余生的天际线。但我遗忘了那一切带来的孤独。如果它们都在前方，那你身后就空无一物。你会失去生活重心，也谈不上一帆风顺。你几

乎不知道该做什么，因为你几乎什么也没做。说智慧是年龄增长的安慰奖，我猜就是因为这个道理。过去给未来蒙上了阴影，但我们也期待过去馈赠的智慧指引我们做更有意义和价值的事，而不是迷惘四顾、逡巡不前。[24]

即使一切顺利，你也可能被怀旧折磨，那时不妨明智地回忆一番当年那荒凉的操场：充斥着不确定、迷惘、希望和恐惧。

我认为，怀念失去的选择权是一种后见之明的表现。回望青春时，我站在一个相对稳定的位置上，有着大致稳定的身份认同，这让我把相当程度的确信投射进了我的青春里。同时，我假想了一个开放的未来，这种无知让我免于愿望落空。但这期望是个幻想，你不能二者兼得：不能既知道自己是谁，又不知道自己不是谁。

结果就是我们要最后再尝试一次认知疗法。如果与我和华兹华斯一样，你怀恋童年时代那种一切皆有可能的不确定性，告诉自己：你所憧憬的无异于罹患逆行性失忆症。它会导致赋予你人生意义的结构也像失忆一样消解，它具有的吸引力像失忆一样是迷惑性的。与此同时，我们可以提出两条主要准则：一是你无法免遭错失的困扰，除非你的世界或你对这个世界的回应极度贫乏；二是选择权的价值非常有限，不值得为它抛弃你现有的生活。

以上就是我们借助哲学来安顿过去——未走过的路、未经历的生活——的首次尝试。在某种程度上，怀恋青春和懊悔错失都来自对价值的误测，或者因为我们没有想清楚，年轻时的各种愿望会引向怎样的结果。我们可以从本章介绍的哲学疗法里获得一些适用的对策。我不敢说你能从我的论证中获得多少安慰，我只能希望你有。但是，我可以真诚地告诉你，这些观念帮助我渡过了中年的难关。

我预料到了反对声音。哲学家爱相互驳斥胜过一切，他们会很快提醒你，我把问题简化处理了。毕竟，我给我们讨论的人生问题设定了一个前提，即你我的人生一切顺利。我们可能因为生活中的错误、不幸和失败而过得很糟糕、感到遗憾，但我们讨论时无视了这一点。真正的挑战不是在已经确信哲学并不是一个坏选择的时候，接受自己将无法成为诗人或者医生的事实。真正的挑战是接受覆水难收的事实：那些本不该说的话或本不该做的事不可能再收回，那些曾给我带来伤害的往事也无法再改变，我没有重来的机会。哲学也许能慰藉幸运儿们无关痛痒的抱怨，但它能为其余未受运气眷顾的人做些什么？对这一群人来说，悔恨更加苦涩又无处不在，哲学家们有没有开发或发现什么技术，提供解决之道？在下一章，我们会发现答案是肯定的。

Chapter 3

悔恨

人生充斥着错误、不幸、失败：不该做出的决定，不必遭遇的痛苦，不尽如人意的计划……没有任何人能安然度过中年而不被这些麻烦困扰。现在的问题是，当面临这些麻烦时，我们该怎么办。要如何看待无法达到期望的生活呢？尽管哲学不能改变过去，但能帮助我们接受过去。在这一章，我会让你明白该如何去做。

在我们开始前，我要处理一个预先的怀疑。听着，我们的问题是：如何看待错误、不幸和失败？一些人可能觉得答案显而易见，以致令人沮丧。除了自欺欺人和一厢情愿，或虔诚而笃信地希冀这些事情从未发生，我们还能报以什么态度呢？除了徒劳地想要历史被改写，我们不是没有别的什么能做了吗？

要是我讲出真相就好了，要是检验结果是阴性就好了，要是我再多等一年就好了……仿佛一切都会不同，而且比现在还要好。可是执着于过去是没用的，时间会磨平一切愤怒或耻辱，自欺欺人也没有任何助益。谁不钦佩理查德 · 福特《体育记者》（*The Sportswriter*，Richard Ford，1986）中刚直不阿的主人公弗兰克 · 巴斯科姆呢？

> 现在我只想说这个：如果体育报道能教会你点什么，其中真相与谎言等量并存，那么它就是，为了让人生多少有些意义，你或早或晚必须面对悔恨的可能性，这种悔恨可怕而炽痛。但你也必须想法子躲开它，否则你的人生就毁了。[1]

以上的建议简单来说就是：千万别搞砸了。遗憾一旦发生，你将追悔莫及。

但此刻未必为时已晚。福克纳（Faulkner）有句名言常常被误用："过去从未消亡，甚至不曾过去。"[2]错误、不幸和失败三者与悔恨毕竟不同。我们可以把你在那个时候本应该做的、想要做的或接纳的事，与你回望时觉得应该做的事区别开来。当事情的结局出人意料时，这一区别尤其明显。哲学家杰伊 · 华莱士（Jay Wallace）就提出了一个漂亮的例子。[3]他说，假设我答应开车送你去机场，但出发那天我却睡过头了，害你误了飞机。结果你后来发现那架飞机竟在海上机毁人亡。就违背承诺而言，我做了一件不应该做的事；但回头一看，我绝不希望自己做了，而且你也不会的！

这里的区别算不上很微妙，却常常被忽略。在《悔恨：可能性一直还在》（*Regret: Persistence on Possible*）一书中，珍妮特·兰德曼（Janet Landman）引用了一项1949年盖洛普测评的数据。在测评中，一组美国成年人作为样本需要指出“迄今为止人生中的最大错误”[4]69%的受访者承认至少犯过一桩这样的错误。其中呼声最高的大概是没有继续深造，22%的受访者给出了这样的答案。10%的人说他们在婚姻上犯了错误。8%的人认为自己入错了行当。1953年，盖洛普公司又进行了一项测评：“总体来看，如果你的生活可以重来，你是更倾向于重蹈覆辙，还是尝试迥然不同的生活？”[5]只有不到40%的受访者表示，如果有机会重来将会选择不一样的生活。对比1949年的测评中多达69%的受访者认为自己心存遗憾，这一次愿意换个活法的受访者比例显著下降了，兰德曼也无法解释原因。难道是杜鲁门总统*在短短4年时间里戏剧般地降低了人们的“后悔率”？那

---

* 杜鲁门于1945—1953年任美国总统。

真是个奇迹啊！实际情况是，这两项测评询问的问题出发点明显不同。第一项测评询问的对象是错误（mistake），它关乎那些你本不该做的事。第二项则关于悔恨（regret），关于那些只要有机会你就会挽回的事情。只是在挽回过程中，你将不仅抹去过去犯下的错误，因它们而起的全部生活也会一笔勾销。这会令人更加不安，难怪比例下降呢！为犯过的错感到悔恨可不只是承认自己搞砸了这么简单，你还希望一切都没发生，这样就能把这个错误连同它的后果一起从历史记录上删去。

接下来就是那一线希望。即使我们犯了错误，历经挫折，目睹自己的努力都白费了，我们还能找到一片喘息之地，你需要做到诚实却不必悔恨，需要承认过去已经是那样了，但不必让时间滚回到事情变糟前的那一刻。至少，原则上我们不需要一台时光机来慰藉中年充斥着的悔恨情感。我们需要做的，是遵循过去与当下的关系，调节我们看待过去的角度。接下来，我们将探索这样做效果如何，这一探索将从更直截了当的行动开始，承认这些行动的局限性，然后试着为一些风光一时又疑点重重的做法展开辩护。最后，我希望你能借此找到一些适用于自己的办法。

一个临时限定

作为预热，我们假设有一个虚拟版本的我，看到哲学惨淡的就业形势后欠缺勇气投身其中，于是选择做一名会计师。假设——这里先向会计师读者们表示抱歉——就我所知，这是个显而易见的错误。因为我的行为不顾以下事实：我会觉得这项工作沉闷乏味，它能让我养家糊口，但也令我头脑麻木。然而，奇迹般地逃过空难的案例说明,这样的预测完全站不住脚。多年后，我忍不住对戴维·福斯特·华莱士（David Foster Wallace）一份笔记上的记述点头称是，这份笔记附在他未完成的最后一部小说手稿上：

> 作为有意识的活人，我们生就能体会到一种持续的愉悦和感激，看来这种强烈的幸福就在极端无趣的另一面。密切关注你觉得最乏味的事（纳税申报、高尔夫电视节目），一波又一波前所未有的无趣体验会浸透你，甚至让你几乎阵亡。渡过这道难关，就仿佛从黑白世界逃进了彩色世界，像是久旱逢甘霖。你身上的每个细胞都会感到持久强烈的幸福。[6]

这就是我（虚构）的会计师经历：执行审计、检查文件、提交纳税申报单，无穷无尽，循环往复，最终像是一场炼金术——将无以名状的乏味化为无限的喜悦。

想要不后悔自己犯下的错有一个简单的办法，那就是让事情的走向比你的期望更好。我当时不可能提前知道会有这样的景象出现，但是现在我看到了，并且为曾经的错误感到高兴，没有它们我看不到这番变化。只要你细想一番自己的人生，你会发现很多事情（有琐碎的也有重大的）都在按照这个模式运转。失误本就是人类境况的一部分：你做了一个糟糕的决定但结果却比预料的发展顺利，或者你当时做的决定是正确的，谁料事情却往糟糕的方向去了。（对于那些不是做决定的事件，或者发生在你身上但不是你造成的情况，上述误差也会出现。）

另一方面，让事情向最好的方向发展计划不来。它由不得你，非你所能操纵。成功与否不关乎远见，而关乎运气。所以尽管道理很简单，但结果不确定这一漏洞，很难帮到正努力接受过去的中年人。它帮不了娜塔莉，她放弃了光明而充满不确定的演奏家生涯，选择成为一名公司律师。她的工作中没有什么惊喜，这让她怀疑自己年轻时的选择。它也帮不了一时冲动就定下终身，只得眼睁睁地看着婚姻走向坟墓的人，就像哈尼夫·库雷西《亲密》（*Intimacy*，Hanif Kureishi）中的那位叙述者："她第一次挽起我胳膊的时候我就应该拒绝她。为什么我没这么做啊？这根本是无用功，是浪费时间和感情。”[7]

这是个更有趣也更费解的例子，这里你可能需要帮助。当你做了不该做的事，或者你曾期望某件事不要发生，可它们像你理性估计的那样发生了，该怎样缓和悔恨呢？要是并没有惊喜你该怎么办？还能从写满“不满”的账目上销去点什么吗？

确实有。在最近的哲学研究里，德里克·帕菲特（Derek Parfit，1942—2017）提出了一个（至少在哲学圈里）著名的思想实验，让人们看到了希望。帕菲特的知名度不亚于任何一个在世的哲学家，他出生在中国，父母是教会医师；后来他上了伊顿公学，毕业后进入牛津大学攻读现代史，并在 23 岁时转而研究哲学。1967 年，帕菲特获得了人人垂涎的牛津大学“考试院奖学金”（Prize Fellowship），进入万灵学院，而后在这里度过了 50 年时光。帕菲特有一些古怪的习惯，也有着闪烁的双眼和科学怪人标配的白色狂野卷发。《纽约客》刊登过一篇写帕菲特的特稿（尽管写得多少让人困惑），也写到了帕菲特浪漫形象，足以说明他的形象有多吸引人。[8] 我们会在下一章再次遇到帕菲特，届时我们将探讨死亡。回到 1976 年，帕菲特正思考着新生命的问题。[9]

帕菲特引人注目的猜想是这样的：假设你身体状况特殊，将给接下来 3 个月内怀上的孩子带来负面影响，受影响的孩子会先天患上一种无法治愈的功能紊乱如慢性关节疼痛，或反复发作的偏头痛，这一紊乱会损害他 / 她的生活质量。既然没有紧迫原因要求你立即要孩子，帕菲特认为你应该等待。随之而来的问题就是：为什么？毕竟，如果你在这时怀孕并将孩子生了下来，这孩子也不能抱怨说，要不是你太心急，他可以过更好的生活。因为如果你当时不怀孕，他根本不会降生！如果你在几个月后或几年后才怀孕，你会有其他的孩子。对我们来说重要的并非这个难题（它有不少解决办法），而是你对待过去的态度。现在你的儿子就在这里，他一天天长大，也日复一日地挣扎。尽管被预见到的病痛折磨着，他的生活总的来说很幸福。如果你能回到过去，你应该等待。但是现在呢？你会为自己的决定后悔吗？你该期望获得改写过去的能力，抹去你儿子存在的痕迹，从头再来吗？恐怕不会。

你本该等待，但现在你很开心自己没有那样做。我们应该怎样解释和辩护这一态度变化？这不是难解之谜。因为你孩子的存在，就足以让一切都不同。你爱你的儿子，而他因自己拥有生命而感到幸福；如果你选择等待，那他就不会出生。这就是生命的价值，它发出了一声寻求确信的啼哭，让悔恨的牢骚都归于沉寂。你是做了个坏决定，事情也像你担心的那样发生了，没有意外的好转。但以子之名，你仍有足够理由拥抱过去。

从这里出发，理解我们那位律师不称心的生活以及库雷西的失败婚姻就不难了。娜塔莉并没有戴维·福斯特·华莱士的先见之明，实际上法律实务与通常想象中的无聊事并无二致。她是那么喜欢弹奏钢琴，最后却决定放弃音乐，放弃成为钢琴家的努力，她如何能不为此感到遗憾？在理论上，我们现在就有答案。如果娜塔莉有了孩子，她可以这样对自己说："不可否认这份工作很无趣，我可能更喜欢其他工作。但要是我没有念法学院，我就不会认识我丈夫阿尔。而如果我没有认识他，就怀不上我女儿萨曼莎。如果我坚持弹钢琴，萨曼莎就不会存在了。我是那么爱她，我不会情愿重新来过的。我不否认现在的生活会让我失去一些——尽管有智者告诉我失去是不可避免的——但总的来说我不后悔，我也不认为应该后悔。"库雷西小说中的主角杰伊也会讲同样的话：如果那时他拒绝了，他钟爱的儿子就不会来到这个世上。

我们有了一些进展。不为错误、不幸和失败而悔恨的一个途径是事情的后续发展得比预想的好，但是就算后续发展没有更好，悔恨也不是必须的。我借我们那位百无聊赖的律师之口所说的可不是难解的智力游戏，而是一种极其明白易懂的与过去和解的办法。父母们，如果你们还未曾尝试这个办法，那么不妨一试。当你被中年的悔恨情绪困扰，问问自己：在怀孕期间的所有遗憾和苦难（没有它们我的孩子就不会出生）中，哪些遭遇是我能够接受作为孩子存在的代价的？这些遭遇是你不能为之后悔的过去，即使在当时你可能会对它们充满抵触。

这个疗法效果如何？它还是有一定的局限性。与提出坠机例子的杰伊·华莱士不同，我不认为对我们所爱之人的肯定，以及对那段将我们引向他们的时光的肯定应该是无条件的。[10] 华莱士在自身想法的指引下语出惊人：如果我爱我的儿子，且如果犹太人大屠杀没有发生，他就不会出生——由于纳粹的暴行，我妻子的外婆于 1938 年逃离德国——那么我不得不认可希特勒上台，即使在激烈的内心冲突中，我百分之百畏惧它的发生。[11] 我更倾向于一个稍微温和些的观点，从这个观点看，依恋的力量也有不济的时候。如果过去的事令人如此厌恶，依恋不过是在天平另一端勉强与悔恨抗衡的砝码，它只能令悔恨更加复杂，而非烟消云散。

另一个局限是：我们揭示的办法目前只适用于将我们引向孕育孩子的往事，有多少挫折是与它们一样的呢？好消息是：如混沌学者告诉我们的——引用所谓的蝴蝶效应——过去发生的细微变化也可能引发迥异的未来。[12] 正是一系列你在孕育子女前做过或遭遇的事达成了怀孕赖以发生的条件：多亏了条件的达成，孩子们才来到世上。即便如此，这个办法还是有问题：一旦孩子生下来了，你就得靠自己了。如果接下来再发生什么灾难，你就得通过其他办法寻求安慰。

这昭示了把孩子当作过去悔恨的补救有一个最大的缺陷。通常情况下，它只对孩子是自己亲生的父母有效，且只在一定年限内管用。一个最直接的例外：当我们可能后悔的事情是选择了不要孩子时，这个办法毫无用处。莫非哲学也认同，孩子是一剂情感失意的解药，能提供无与伦比的意义来弥合散落一地的往事？除了依赖运气或生孩子，还有什么能够给无儿无女（还有为人父母）之人带来安慰吗？问题不易解答。

除了孩子之外

我们不是最早提出这个问题的人。在弗吉尼亚·伍尔夫记叙终生的日记中，她一次次谈到为人父母：关于她不愿生儿育女的决定，以及她姐姐瓦内萨·贝尔（Vanessa Bell）的不同人生。以下是1923年1月2日的记录：

> 昨天，我们从罗德梅尔*回来，然后今天我就陷入自己

* 位于英国苏塞克斯郡的一个村庄，伍尔夫在此地有一栋房子。

的情绪中，就像护士们过去说的那样。麻烦到底出在哪里？为什么会这样呢？是对孩子的渴望，我认为；还有对娜莎那种生活的向往，以及对身边那些终将凋零的花朵的惋惜……多年前，在利顿的事之后，我登上拜罗伊特的山丘，对自己说，绝不假装认为那些你不曾拥有的东西是不值得拥有的；我觉得这是个好想法。至少这些想法会时常萦绕在我脑海里。例如，决不假装以为孩子能被其他东西代替。[*, 13]

在伍尔夫的例子里，“其他东西”指她的作品。6 年后，《奥兰多》（*Orlando*）被《曼彻斯特卫报》（*Manchester Guardian*）誉为“大师之作”，而伍尔夫却再度陷入抑郁。

《奥兰多》被认为是一部杰作，确实如此。《泰晤士报》（*The Times*）没提到娜莎的画作。可是，她昨晚还说来着，我在其中之一上花了太多时间。我暗自思量，如今的我的确拥有了些东西，但不是孩子，接着我陷入了对我和娜莎人生的对比当中。我注意到自己对那些渴望的克制，以及对那些

---

* “娜莎”指弗吉尼亚·伍尔夫的姐姐瓦内萨·贝尔。“利顿”指利顿·斯特拉奇（Lytton Strachey），英国著名作家和文学批判家，于 1909 年向弗吉尼亚 · 伍尔夫求婚。拜罗伊特系德国东南部城市，弗吉尼亚 · 伍尔夫曾访问此地。

姑且称为想法的东西的专注：这就是我的视角。[14]

现实生活不是思想实验，你的姐妹也不是自己的另一种人生。但伍尔夫的困扰确实也是我们的。投身各种活动，如写作、做手工，或写就《奥兰多》这样伟大的作品，能取代子女成为治愈悔恨的良药吗？伍尔夫能与我们那位不安现状的律师发生共鸣吗？伍尔夫会说什么？——“或许我本应该要个孩子；很难讲这决定正确与否，但我不会为没有子女而后悔。如果我成为一名母亲，我的写作时间将被压缩，我会更焦虑，更烦躁。至少我的一部分作品将无法完成。我也很喜欢这些作品，因此我并不期望改变过去。”

在对自己孩子的依恋和仅仅对物的依恋之间，还有对那些不是由你创造的人类的依恋，他们的存在并不依赖你。一个进一步的问题：亲密关系能在多大程度上弥补悔恨？伍尔夫在《到灯塔去》（*To the Lighthouse*）这本书中触及了这个话题：

她笑容中带着抱怨，问他为什么发牢骚，按照她对他想法的猜测——如果没有结婚，他能写出更好的作品。

他说自己没有抱怨，这点她是知道的，她知道他也没有什么可抱怨的。接着他抓起她的手举到唇边，猛烈地亲吻。

这令她落泪。很快，他又放下了她的手。[15]

这个例子是否适用于我们尚不明晰，因为小说里的拉姆塞先生可能并没有陷入歧途：也许他认为婚姻带来的好处超出了它的代价。但我们能够举一反三：假如娜塔莉没有子女，而且她笃定地相信要是自己没有遇到丈夫，照样能过得很不错。她也许会嫁给别人或快乐地保持单身。可是现在她爱着阿尔，而如果她没有学习法律，就不可能结识他。她能以二人当下的关系作为由接纳自己错误的选择吗？

1979 年，哲学家罗伯特·亚当斯（Robert Adams）发表了一篇精彩的论文，题目为《存在、自我利益与关于恶的问题》（"Existence, Self-Interest, and the Problem of Evil"），对上述几个问题都给出了肯定的回答：当我们回望过去，那些本不该发生的事件，可以因为随之而来的各种活动、物品和亲密关系得到辩护。他没有把对这些活动的投入与为人父母相提并论，而是与另一类事物对比，我们依靠这类事物肯定自身的存在。

我们出于为自身的合理考虑，会把一些事物与自己联系起来，不只是空洞的形而上学同一性，还有计划、友谊和我们个人履历、性格中最重要的特质，至少是特质中的一部分。

如果我们的生活很美好，我们就有同样的理由为拥有这样的生活、而非其他截然不同但更好的生活而感到高兴。就像我们应当为自己的存在、而不是为取代我们的别人的存在而喜悦，就算他过得比我们更好、更幸福。[16]

不知道你怎么看，在我眼里，这一段话有智慧的一面，但不知为何也十分费解。照这样说，如果娜塔莉足够幸福，那么她应该更喜欢自己的真实生活——有丈夫阿尔，有朋友，有自己感兴趣的事，有苦有乐的生活——而不是别的总体上来说更好的生活。也许这是对的，但是该怎么接纳这样的生活？选择在自己看来更糟的东西怎么会合理？亚当斯可能道出了人类境况中的某些深层真理，但如果我们对此的解释到此为止，不再多言，真理仍然晦涩。在本章的最后一节，我会阐述自己对这一真理的理解。在此之前，让我们先仔细思考一下为什么它让人困惑。

让我们从柏拉图说起。他在公元前 4 世纪初的写作，主角主要是他的老师苏格拉底。苏格拉底这一角色在一系列的柏拉图对话录中出现，并以反讽、机敏和悖论性的观点而闻名。他声名远播的信条之一是“无人自愿作恶”。[17] 有些时候人们明明做出了正确的判断，却自愿、有意识地违背这一判断而故意做了自认为糟糕的事情，希腊人称之为“无自制力”（*akrasia*）。按照苏格拉底的观点，这种行为绝无可能发生。这是个让人吃惊的断言。至少乍看起来“做得不如想得好”这样的状况是个普遍现象，这一点让人觉得沮丧；但就连坚持“无自制力”是普遍现象的现实主义者通常也会承认，违背自己的正确判断是非理性的。想着应该戒掉烟的时候，我又抽上了一根烟，这样的状况就是违背理智。

我们可以很自然地把它扩展到更一般的偏好和愿望上。相比于你认为更好的事物，你完全有可能反而倾向于更糟的，尽管如此，这些态度显然不理性。如此一来，亚当斯一定错了。娜塔莉认为如果可能她本应坚持演奏钢琴。她的律师生涯不比她期待的要好，她也不能把子女作为理由去肯定自己曾经犯下的错误。不过如果她遵循亚当斯的理论，她就会为没有选择以音乐为生感到庆幸，即使她也同意自己实际上做了更糟的选择。苏格拉底的棺材板都要压不住了。

过去几十年，行为经济学家退回了最佳需求难以追逐的立场上。司马贺（Herbert Simon）1956 年提出的“满意度”策略称，[18] 我们往往满足于足够好的结果，而不会因为存在其他更好的结果产生烦恼。这倒是一个处理现代生活中机会爆炸的好方法。[19] 同样是买新衬衫，一位易满足者（satisficer）会在遇上一件合身、美观且价位合适的衬衫时，停止观望。而一位追求最优者（maximizer）会再看看别的，因为其他衬衫可能更便宜、更时尚。那么时间成本考虑了吗？司马贺还真考虑到了：这也是应当衡量和计算的一个维度。要做的工作真是太多了！

满意度或许是个合理的策略，但它无法为那位认命的律师辩护。"我知道有更好的选择，但是现有的就不错，我不打算再去观望寻找了"，这是一回事；"我知道一个明确的选项比现在的更好，但我不想要它"，这就完全是另一回事了。第一句话更讲得通，但第二句才与我们相关。娜塔莉自己也知道，有一个明确的选项（努力成为钢琴家）比她现在的选择要更好。她当时应该选择努力成为钢琴家。可是现在，她不再情愿坚持那个梦想了。

我们也无法解释她的态度是如何发生变化的。如果满意度策略合乎理性，娜塔莉就应该见好就收，从一开始就维护自己的决定："法律职业对我而言已足够好了，为什么还要纠结于音乐呢？"但这不是事实。相反，娜塔莉很高兴做出了自己认为错误的选择。

大概她在做出选择后终于接受了现实，方才感到满足？但这个猜想也站不住脚。我们从满意度策略中获得的，最多是不去关心更好的选择，而非主动寻求不那么好的选择，比如像娜塔莉一样放弃音乐而选择法律。为洒掉的牛奶哭泣是没有意义的，但这绝不意味着你还得为洒掉的牛奶开心。

我们将以亚当斯的视角来看待这些问题。他所提倡的方法史无前例地把我们的欲望和理性（对事物的比较分析）割裂开来：偏好你认为更糟的。如果这还不是非理性，那还有什么是？

在繁育后代的例子中，我们有些话要说："是的，我应该等候合适时机再怀孕。这才是明智之选，事情后来的走向也证明确实如此。但是情况发生了变化。我儿子就活生生地在我面前，如果我等待了，他就不复存在，这让一切都不同了。"同样的话套用到活动或物品上，恐怕不那么容易令人接受。在一个影响力已超越了哲学的情境中——它是西方文化中的人文主义遗产——人的生命具有不可替代的价值，这让它区别于其他事物的价值。康德就在尊严与价格间做了一番比较。"有价格的东西，就可以用其他等价物替代，"他写道，"相反，当某种事物超出了所有的价格，以至于没有任何等价物，它就具有尊严。"[20]正是人的尊严解释了为什么你不该让时光倒带，抹去你的儿子，然后尝试重来。但是对于纯粹的人造物，即使是像《奥兰多》这样的杰作，也是有价的——至少在康德的观念中是的，虽然它无法用货币来衡量。所以，如果伍尔夫能写一部更好的小说，而你竟不希望她这样做，那就太不合理了。

联系到我们平常做的事情，这个道理在某种程度上甚至更加清晰。30 多年前，哲学家迈克尔·布拉特曼（Michael Bratman）

指出，尽管任何一项计划都会要求我们去把它完成——你总得有始有终吧——但仅仅采取一项计划本身并没有给你额外的理由去始终追随它。[21]否则，我们一旦做出糟糕决定，就得始终为它辩护，岂不荒唐！举个很平常的例子，假设我回到了研究生时代，要决定春季学期选哪门课。我可以在逻辑学和伦理学中选择：逻辑学将为我的进一步学习打下基础，但难度较大；而伦理学生动有趣，我会享受学习过程，但收获远不及逻辑学。两者各有裨益，经过十分慎重的利弊权衡，最后我觉得选逻辑学更合理，我就要上这门课。不幸的是，我内心的无自制力爆发了！被逻辑学的符号丛林吓到的我，违背了自己更理性的判断，选了伦理学。如果一个计划的存在就像孩子的存在一样，为我们肯定它本身提供了理由，那么我现在就可以说，“我选择了伦理学课”这个事实，可以作为理由来支持这一选择本身。多年以后当我回望时，也能拥抱自己的选择：“我是犯了错误，但很高兴我选了它，因为如果我选了别的，它就不复存在了。”这看上去大错特错。人造物与计划一样，其价值不体现为尊严，而体现为价格。仅仅由于我正在做一件事，就认为当前选择优于一些本可能更好的备选项，这毫无道理。

亲密关系的例子则更加微妙。爱侣们不会“见风使舵”，他们通常不会因为一段看起来更美妙的关系而丢下现在的对象。

但如果你真的相信你与 X 的婚姻会比与 Y 的更幸福，而且 Y 离了你一样活得挺好，“要是一开始我和 X 在一起就好了”，难道你不应该有这样的想法吗？也许现在一切都太迟了，但忽略这段可能发生的爱情是没有道理的。

结果就是，我们很大程度上都被蒙在晦暗中，难以判断亚当斯的观点究竟是不是明智的。当我们得知自己能够按照生活本来的样子去肯定它，我们当下拥有的活动、人造物和亲密关系有着治愈我们的过去、平复悔恨的力量，那是多么振奋人心啊。可是，这听起来过于美好，好得不像是真的。

无知是福?

现在让我努力播撒些光明吧。

至少有两条路径等待我们进一步探索。其中一条比另一条更深入，但二者都给人以助益。按照第一条路径，回顾的核心特征是无风险，当你回望过去，一切都已成事实。你目前为止的生活都已过去，它们仅存极少的不确定性，或者干脆完全没有。相反，改写过去的渴望其实是一种冒险，想冒险得到更好的机会。要评估当前的期望是否合理，应该结合避险的理性予以考虑。双鸟在林，不如一鸟在手。从这方面来说，你现在面对的处境与你期望中的处境迥然不同，因为后者无论怎样都带有风险。

让我们把思绪回到要在音乐和法律之间做出选择的娜塔莉身上。以经济学家的行话来说，娜塔莉是轻微风险厌恶的。她愿意稍稍冒险，但绝不要太大风险。假设有人要她在两个奖券间做选择：A 奖券将在一枚硬币正面朝上时带来 40 美元收益，反面朝上则是 10 美元；而 B 奖券在硬币正面朝上时带来 100 美元，反面朝上则什么也没有。娜塔莉会选择 B 奖券，并且当然会认为不这样选是不合理性的。（A 奖券的“预期价值”，即回报乘以概率的结果值，是 25 美元；而 B 奖券的预期价值是 50 美元。）* 但如果要她在 B 奖券和 40 美元现金之间来选，她将拒绝冒险，直接选择现金。在她看来，这同样是明智的选择。

这对生活中的重大决策有何帮助？在娜塔莉看来，法律就像 A 奖券，这是场天花板很低但地板相对高的赌博。事情可能会向好的方向发展，也可能变坏，但是她更倾向于选择一个薪酬合理的工作，好过上相对高质量的生活。音乐则是 B 奖券，有着更高的天花板，但也有较低的地板。尽管娜塔莉热爱钢琴，但乐坛失意的可能性也高出不少，她可能因此终日体验沮丧和心

---

* 忽视其他条件，硬币正面或反面朝上的概率均为 50%，故 A=40 × 50%+10 × 50%=25 美元，B=100 × 50%+0 × 50%=50 美元。

碎的感觉，而几乎没有一展才华的机会。从总体上看，娜塔莉相信自己应当冒一些风险，在音乐上下注比在法律上押宝更好，但是她没能坚持到底。相反，她读了法学院，做了类似于 A 奖券的选择，也框定了余下的人生。

回望过去时，娜塔莉的处境就变了。作为律师的她过得不错，她并不讨厌自己的工作，更何况这份工作收入不菲；她有了丈夫阿尔，有自己的朋友、兴趣爱好和闲适的假日。在她预期的各种可能性中，现在的就相当好了，更接近 A 奖券带来的 40 美元而非 10 美元。可娜塔莉仍然认为自己放弃钢琴，选择 A 奖券而非 B 奖券是个坏决定。但她感到后悔的出发点是不一样的，她现在会放弃成功律师的生活，去追求一场结局难以预料的豪赌吗？答案很可能是不会。回望过去时，娜塔莉实际上是在 B 奖券——最多 100 美元，也可能什么也没有——与已经到手的 40 美元之间进行选择，聪明人当然不会冒这个险。

这其中的机制，和意外结果（如前文提到的不幸空难，以及虚构中作为会计师的我撞上的柳暗花明）背后的机制有相似之处。不同的是，它不依赖错误的信念、计算错误或事实错误。就像我已经讲的这个故事，娜塔莉对不同选择的回报和可能性估计非常准确。但是概率事件仍然存在：事情的发展总是充满不确定和风险。规避风险、偏好你有把握的美好事物，而非那些虽然更美好但没把握的选择，如果这样做是理性的，那么在回望时偏好你本不该做出的决定同样是理性的。

为了在认知疗法中发挥这一思路的用处，你必须问问自己有多厌恶风险。这是个私人问题，但我们可以把其中的关键点程式化。首先，当你反思过去所犯的错误或一度不愿接纳的事，请扪心自问：我期望它不曾发生吗？你要摒弃对最佳结局的幻想，要知道不是每一次都能幸运地得到 100 美元奖励的。提醒你自己，结局是不确定的，重来可能会更好，也可能更坏。其次，聚焦握在手中的东西。至少你知道事情过去是如何发展的，你所比较的正是这个确定的过去，和骰子那变幻莫测的一掷。只要你目前的生活足够好，且你十分厌恶风险，就算生活可以变得更好，甚至你觉得生活已经有些不尽如人意了，安于现状也绝对是合理的选择。

我们那位不安于现状的律师最终还是与自己的工作和解了，也重新拥抱了自己真切拥有的令人艳羡的人生，这里我们就要向她道别了。风险厌恶策略对她有用，对你可能也有用，但只是在目前有用。一方面，当错过的替代机会并没有太大风险或者地板非常高时，这一策略就没了用武之地。因为即使在你的回望中，冒险一搏看起来都有可能比你手上现成的生活要好。另一方面，诉诸风险厌恶来让我们接受当下的生活也令人沮丧失望，它带给我们的是无奈的顺从而非愉悦。那么，我们能为肯定现状找到更积极的例子吗？我认为可以。

我们将再一次踏上对过去的短暂回顾。我们前面谈到一些我不曾经历的生活,如做个诗人或医生的梦想。即使我一再坚称从事哲学研究很有意义，失落感还是萦绕着我。想象一下，如果我仍然不愿承认现实会怎样？实际上，当时的我明白，做一名医生或许是更好的选择，医生职业更有意义，更无私。但是我的父亲希望我成为像他一样的医生，出于想让他失望的恶意，我选择了他最不能接受的选项。而且，我违背了自己更理性的判断，投身哲学，开启了一段无法修正的航程。我并非不热爱自己的生活，远非如此。但我确实认为，从某种意义上说，我犯了个错误。那我还是不得不为之悔恨吗？

搜遍我们已经找出的手段后，我还可以诉诸生育：如果我成为一名医生，我就无法认识我妻子，也就没有我儿子了。但我们可以把故事修订一下，排除这种情况。在新故事中，我没有孩子，而且也不想要孩子。（此系完全虚构：如与任何在世或去世的人物有类似之处，纯属巧合。）我也不可能得到什么惊人的天启,以至于认为哲学比我的预期更具价值。我仍然相信以哲学为业不如以医学为业，并没有改变主意。尽管目前为止我过得还不错，我也没有强烈的风险厌恶，认为即便投身医学与我现在的境况一样好，我也不该在医学上搏一把。结果，目前我们所谈到的没有一句能帮到我。但我一点都不为过去感到悔恨。

我们的解释还欠一个对上一章末尾的最后补充，有了它才能充分成形，在那里，青春年少时的我因为无知得以免于愿望落空之痛。在我下决心学哲学而抛开诗歌和医学之前，我就知道自己不能拥有一切，但我不知道的是我将错过什么。这让终有一失的事实承受起来容易多了。而到了做出决定之时，我不但知道损失即将到来，而且知道它具体是什么，这时我就不得不面对这些我再也不会做的事。这正是失去袭来、令人痛苦的时候。以上对这个转变的解释是知识的：它与我掌握的知识有关。知道我将错过一些我珍视的活动与知道我将具体错过哪些之间，仍然存在情感上的区别。

这一关于悲痛的事实仍具富有建设性的另一面。无知能够保护我们免遭厄运带来的情绪冲击，反过来知识则可以将好事的影响进一步扩大。知道某事物有价值与知道是什么让它有价值是两码事，知道有支持愿望的理由存在与知道那些理由是什么同样存在区别。你的生活总会出现缺憾，模糊地知道这一点比知道具体是什么缺憾要好受些，这个道理说得通。同理，了解我们现有生活之所以美好的方方面面，比了解另一种生活的轮廓会激起我们更强烈的反应，就算另一种生活显得更美好。

在我们虚构的情节中，相信我应该选择医学其实没什么错，但我对那样的生活将带来什么几乎一无所知。我可以大致描绘这样一幅图景：要是我做了医生，我可能会在住院医师岗位上花费大把时间；我将挽救生命，也可能无力回天；我还将以怜悯之心和临床技能努力照料病人。但是我的理解中还有深层次的局限，尽管我相信选择医学生涯会更好，但我对它的本质，那些让这份工作如此值得的内容，一无所知。

关于哲学我知道很多，多到无法言说。我了解自己的学生，他们在与德里克·帕菲特或大卫·休谟的思想对话中，头一次有了自己的想法，有了启蒙的第一缕曙光。我不能把这些归功于己，但我确实做了些事。我知道哲学的价值就蕴含在它的历史长河中，它不是抽象的，而是寓于数不清的智者和人世悲欢的故事（就像约翰·斯图亚特·密尔那样的）中，每一个都令人意识到这些知识值得保存下来。我明白，必须穿过那团迷雾，就像艾丽斯·默多克（Iris Murdoch）笔下传达的意思："做哲学是探索自己的性情，但同时也是揭示真理的尝试。"[22] 这完全无法在一段话、一篇文章或一本书中充分表达出来，甚至我就算当初做了诗人也办不到。

同样的情况也能适用于你。如果你能把生活中的美好事物，比如重要时刻、亲密关系以及日常生活复杂精巧的质地，用百万字就说清楚，那么你的生活就太苍白了。（这个道理也适用于坏事，它们有自己的质地，关于它们你可说的无穷无尽。）

以下是我认为自己不应做医生的理由：不是含糊不清的一句“我的生活也没那么糟”，而是一长串肯定我现有生活的理由，多得难以整理或完整罗列。我知道，如果我投身医学，我的生活将同样丰富，而且我相信医生生活的丰富性比我现在拥有的更有价值，但我不知道那些丰富是什么。而真正吸引我、引发我兴趣并影响我喜好的，不只是更好或者更坏的结果，而是所有这些殊异的地方——是它们让生活到目前为止还不错。

我们生活在细节而非抽象之中。假设我们知道一桩美好事件和它方方面面的细节，同时有另一件毫无特征的事摆在我们面前，我们只知道它的一般性事实：它比前者更好。比较合理的是，前者会激起我们更强烈的反应。根据同样的道理，我很高兴自己选择做一名哲学学者，而非一名医生，尽管我知道做哲学不如当医生。拯救我免受悔恨之苦的不是风险厌恶、孩子的出生或先前对哲学价值的低估，而是生活的广阔和它无法洞穿的细节，就像勃鲁盖尔（Bruegel）笔下农民画里大量的细节。

这可能有些冒犯，我要把这一想法献给弗吉尼亚·伍尔夫。伍尔夫没有子女，但她拥有别的，不仅是《奥兰多》的写就，还有这部作品的每个字句、插图、上下文关系、视角，以及对人生的表述，“一片炫目的光晕，一张从意识初现直至终结一直裹着我们的半透膜”。[23] 同样，我也把这一想法献给你。

错误、不幸、失败：没有人能不经受它们的考验而安度中年，我确信你也会经历自己的错误、不幸和失败。其中有些得以通过风险厌恶、子女或者运气挽回，其他的恐怕没办法了。你可能会被引诱着与过去的时光做个清算或最后角力，这样做没有错。但是不要错上加错：不要退回原地、抽离生活的细节去问你应该选择哪个。在抽离细节的时候，你抛弃了可以合理地肯定现有生活的资源：不只是活动、物品和亲密关系的存在，还有它们郁郁葱葱的内容。不要在理论上去权衡各种选择，而要进入其中：让现有生活的殊异性抵消你对未曾经历过的生活的异想天开。这样一来，你也许将发现自己不会再为曾经应该抗拒的东西而悔恨。

我希望这能成真，但我无法保证。不是每处伤口都能痊愈，面对“可怕而炽痛”的悔恨时，你也许感到自己明显难获安慰。如果是这样，我很抱歉。当你犯下的错误仅仅伤害了你自己时，把随之而来的生活点滴当作报偿会更易于坦然接受，一旦它们伤害了别人，就会困难许多。“你当然可以押上自己的生命来实验，”在库雷西的《亲密》中，杰伊不情愿地承认道，“但或许你不该用别人的生命这么做。”[24] 尽管诉诸生活细节的策略足够有效，但它还是可能失败。

我将再多指出一个危险，然后就结束本章。如果让你免受悔恨折磨或暂且缓和其影响的办法中，有一部分是利用知识上的不对称（你对其他本可选择的生活的相对无知），那么你的平静就取决于这种知识不对称会持续多久。为了避免悔恨，你必须保持一定程度上的遗忘。因为知识伴随着威胁，你对于失去的一切知晓越多，对于备选项是什么以及将带来什么知晓越多，就越难放下它们。因此，在这里我们要向往事道别了：审慎选择你学习的内容，那可事关你的眼界。少量知识是无害的，而太多了就会搅乱你内心的平静。不要被“也许原本可以”的事情困扰：“无知是福，大智若愚。”[25]

Chapter 4

一些期盼

西蒙娜·德·波伏娃自传的第三卷以这样一段话作结，令有些人感到困惑：

> 我仍能看到被狂风席卷的榛树篱笆，看到当年那些我埋入狂跳心中的诺言，那时我正站在那里，凝视着自己脚下的金矿：完整的一生等待展开。如今我谨守了所有诺言。然而，当我以不信任的目光回望当初那年轻又易轻信的女孩，我才恍惚发现自己被欺骗得有多惨。[1]

以上是本书最后一句话。

作为标杆性的女性主义思想家和让–保罗·萨特一段时间里

的伴侣，波伏娃发牢骚的理由应该不少。她的诺言被令人压抑的理想女性特质压垮变形了吗？正如她在《第二性》中写道："一个人不是生而为女人，而是变成了女人。"[2] 性别是一种文化建构，而且它可不是为女性利益建构的。难道她也对自己拥有的可能性只有非常局限的认识，在萨特令人生畏又充满启发的阴影下，对自己的哲学天分产生了怀疑？[3]

也许吧，但至少根据她自己的说法，她当时想的是别的。最后她不得不在《巴黎评论》上澄清自己的观点，她这样说：

> 人们……费力解读［那最后一句话］以说明我的生活是失败的，或因为我承认自己在政治层面出了些差错，或因为我认识到一个女人归根结底应当生儿育女，诸如此类。任何认真阅读过我的书的人都能看到，我的意思恰恰相反。我不嫉妒任何人，我对自己目前为止的生活非常满足，我遵守了自己许下的诺言。因此如果我重活一遍，我会让我的生活别无二致。[4]

没有错误、失败或者错失的经历：波伏娃可以跳过本书之前的两章。但 55 岁，正值中年的荆棘腹地，她也感到了自己受困于无情的时间洪流。

> 当一个人像我一样通过一个存在主义的视角来观看世界，这时人生的悖论正在于，尽管你试图有意义地“是”（be）点什么，可到头来，你不过是存在（exist）罢了。正是由于这种目标和结果的不一致，当你下大赌注追求“是”——制订计划时在某种程度上你总是这么做的，即使事实上你知道自己无法成功——当你转过身来，回望自己的生活时，你却发现自己仅仅是存在过。换句话说，生活不会跟在你身后，像什么可靠的东西，或者像神的生活（我根据一些人的想象来设定这个概念，神的生活是某种不可能的东西）。你的生活，只不过是人的生活。[5]

神的活动可能是永恒的。对于我们，生机勃勃的现在终将凋零成死气沉沉的过去，并带走我们每一个人。波伏娃把自己对“什么也不是”（non-being）带来的失落与不可避免的死亡联系在一起：“我悲伤地想起那些我读过的书籍，欣赏过的景物，积累的知识，我再也无法获取更多了。还有所有那些音乐、绘画、文化，那么多景致：都突然归于虚无。”[6]

我们已经推迟处理这个问题太久，现在是时候面对自己的命运了。精神分析学家埃利奥特·杰奎斯（Elliott Jaques）称之为“中年阶段的中心和关键特征，它积蓄了这一阶段至关重要的本质”。[*,7]“悖论在于，在迎来生命的鼎盛时期和最为知足阶段的同时，这样的巅峰和满足却是有期限的。而死亡正在尽头静候。”[8] 到了中年，人类生命的有限性可不再是抽象的概念了。十年意味着什么？对这个问题你有了切身的体会。剩下的岁月一只手都数得过来了，而这就会是忧惧的源泉。

哲学能在我们面对有死性时给人安抚，这是一个古老的想法。当随笔作家米歇尔 · 德 · 蒙田在 1580 年写道“研治哲学就是学习如何死亡”，[9] 他正与一个古老的传统发生联系，要追溯这一传统，可经由公元前 1 世纪古罗马哲学家西塞罗，直至苏格拉底，后者在雅典的监狱中饮下毒芹汁而死。蒙田的哲学转向，部分是因为他最亲密的朋友埃蒂安 · 德拉博埃蒂（Étienne de la Boétie）的离世，部分在于一次几乎置他本人于死地的坠马事故。埃蒂安去世时年仅 33 岁，蒙田坠马时 36 岁。之后，蒙田开始了传奇般的自我探索，写就长达 50 万字、充满人性光辉和求知精神的《蒙田随笔》（*Essays*），其主题从同类相食、卖弄学问到人的拇指，无所不包，可他的哲思以失败告终了。“如果你不知道如何死亡，别担心，”在倒数第二篇随笔中，他悲伤地呼喊，“到了那个时候，天性会告诉你该怎么做的。”[10] 言外之

---

* 杰奎斯的更多观点见“中年危机小史”。

意是，围绕死亡的思考带来的那些绵延不绝如同触电般的恐惧，唯有死亡本身能够平息。

我会努力做得比蒙田更好，但我不会假装这很容易。本章会探索一些与死亡角力的哲学尝试，会有鲜血、汗水、眼泪，以及洞见和错觉。要取得任何进展都不容易。从认知疗法的立场看，死亡是块硬骨头。

对我们无足轻重？

如果称蒙田是这本头脑自救指南的思想先驱，那伊壁鸠鲁（Epicurus）甚至更有这个资格。伊壁鸠鲁是亚里士多德稍年轻的同侪，既是一名哲学家也是生活方式大师，主持着一个田园诗一般与世隔绝的社区，雅典人称之为“花园”（the Garden）。如今，“乐享欢愉 / 伊壁鸠鲁主义”（Epicurean）一词用以形容追求感官满足的生活，诸如那些狂野聚会和饕餮盛宴。如果你前往伊壁鸠鲁的花园去追求这些，那你恐怕会扫兴而归。伊壁鸠鲁赞赏的是“平心静气”（*ataraxia*），在朋友们安宁的陪伴下进行简单有节的沉思，以获得宁静，远离痛苦。

伊壁鸠鲁认为，对死亡的过度恐惧是幸福的最大威胁，它败坏我们内心的平静，烦扰着我们的生活。死亡的过程无疑是有失体面而又痛苦的，期望一个平静的结局当然可以理解，但是死亡的过程与死亡的状态之间存在区别。对于伊壁鸠鲁，死亡是人类存在的永久性终点：没有脱离肉体而活着的灵魂，没有来世，也没有第二次人生。（在这方面我将追随他的信条。如果我们对死亡时会发生什么事尚存不确定性，前景可能是转世也可能是升入天堂永生或堕入地狱，那么直面死亡看上去将是非常不同的挑战。）在伊壁鸠鲁看来，恐惧死亡的情绪普遍存在，但毫无道理可言。因为这里有个悖论，能带来平静的、清除在世的人对有死性恐惧的，正是死亡后的不存在状态。“所以死亡，万种罪恶中最可畏惧的一种，对我们来说无足轻重，”他写道，“因为只要我们还存在，死亡就无法靠近我们；而当它终于降临，我们已不复存在。所以它既不困扰生者也不困扰死者，因为人活着的时候死亡尚不成立，而人死后死亡已不复成立。”[11]

不知你怎么想，但我不觉得这安慰会起多大作用。当发现欧文·亚隆（Irvin Yalom）的“存在主义心理疗法”畅销书《直视骄阳》（*Staring at the Sun*）[12]还在重复同样的论点，却没引来任何批评时，我很震惊。如果以上安慰对你起作用了，那么很好，你可以就此停止阅读本书了。（哲学剧透预警！）对于没有抛下我的读者们：我要很抱歉地说这个论证并不透彻。它的前提是，当你死去你就不存在了，因此死亡的状态中不包括真实的痛苦带来的伤害。但它还是包含了一种剥夺带来的伤害：生命中一切美好事物永久地结束了。不再有艺术享受，不再有知识，不再有与朋友相处的时光，什么都不再有了。面对这样的前景，一个虽然无法再感到痛苦但单调、乏味又无趣的未来，除了感到绝望，你还有什么更合理的反应吗？这真是个令人生厌的“死涯”。

停止存在对我们是有害的，因为它剥夺了我们活着才享有的那些好处，这样的想法其实才配居正统：这是同时代哲人对伊壁鸠鲁压倒性的共同回应。死亡状态的不幸在于，它令那些美好事物变得匮乏，直至无影无踪，而正是这些事物使人生值得一过。用我们诊断密尔的精神崩溃的话来说，死亡的不幸体现为存在主义价值的丧失，这种价值不仅是缓和性的（用于解决问题和满足需求），它也在积极意义上让人生变得美好。如果我们的活动只有缓和性价值，伊壁鸠鲁的观点就站得住脚了，这时我们最期待的或许就是免于痛苦，而死亡正可满足这种需求。但是生命的内涵可以比这丰富得多，这是我们的大幸，也是我们的不幸。遵循第 1 章归纳的第二条法则，我们要追寻那些具有存在主义价值的活动。若能确保这一点，不出意外的话，活着是一件好事。

伊壁鸠鲁的辩护者——他们的确存在——有时会抱怨我们理解错了他的意思。伊壁鸠鲁不是在否认死亡比不上延续的人生，毕竟生命中还有那么多值得去做的事。他是在问，我们究竟应该对有死的现实抱以怎样的态度。举个例子，我们不应当对死亡抱有恐惧，因为只有现实的伤害或虽不确定但必然招致的损害才值得恐惧。既然死亡是对生命确定的剥夺，那么对它恐惧没道理。这一观点大行其道，它的迂腐给哲学家带来了坏名声。你把它称作“恐惧”或“害怕”或“悲伤”都不打紧，我们中大部分人面临死亡时体验到的刻骨铭心的厌恶才是问题的关键。在专业性方面伊壁鸠鲁难以获胜。但我们还有更多内容要进一步讨论。我们在上一章谈到过，对于什么选择更好，什么选择更糟，不同的理性偏好可以给出背道而驰的答案。面对死亡，类似的情况也可能发生。“不论死亡有多可怕，我们也不该在它面前瑟瑟发抖。”伊壁鸠鲁的追随者如是说，这些追随者里包括他最具影响力的信徒，西塞罗同时代的古罗马诗人、哲学家卢克莱修（Titus Lucretius Carus）。从卢克莱修那里，我们承袭来了一幅诱人的死亡图景：死亡无须恐惧，正如伊壁鸠鲁的态度。这能用于我们的治疗吗？

镜中人

卢克莱修本人的情况我们知之甚少。几个世纪后，《圣经》学者圣杰罗姆声称卢克莱修在写作哲理诗《物性论》时发了疯，原因是误服了一种强效的春药，接着他就自尽了，年仅 44 岁。自然，后学们对一位基督教圣徒将一位非基督哲学家描绘成思春狂人表示了质疑。[13]《物性论》散佚达千年之久，直到 1417 年才在一所德意志修道院重见天日，并成为意大利文艺复兴的重要基石。

正如这部长诗的标题，卢克莱修的讲述涉及了几乎所有领域，近乎包罗万象。而对我们有意义的那一小部分是其中的一个隐喻，这个隐喻的意义远超它带给人的第一感觉。与伊壁鸠鲁相呼应，卢克莱修旨在重塑我们与死亡的关系。

> 现在回望过去，想一想在我们出生前就已经消逝的永恒之岁月，它对我们是何其无足轻重。这是大自然的镜子，借以映照我们死后的时间。你从中看出任何可怕的东西了吗？你发觉什么悲惨之事了吗？那一切不是比最深的睡眠还来得更加安宁吗？[14]

卢克莱修并未回归标准的伊壁鸠鲁式图景：我们不会因为被剥夺了本来就无法得到的利益而遭受伤害。卢克莱修的图景有自己的命运，它清晰反映于哲学之外，如同弗拉基米尔 · 纳博科夫在《说吧，记忆》（*Speak, Memory*）开头把人生比作“一隙短暂的光芒，两侧皆是永恒的黑暗”。[15] 从哲学角度看，这幅图景带来了一个关于死亡的难题，即所谓的“对称论证”（symmetry argument），我们可以更恰当地把这个难题表述成这样：既然死亡后和出生前我们都不存在，死后的不存在让人焦虑而顿失勇气，可出生前的不存在我们却能漠然置之，是什么让如此截然不同的反应变得如此合理？本质上一样的现象招致截然相反的态度，这里的挑战就是要解释和辩护这两种态度。

并非每个人都强烈感受到了这种对比。我儿子伊莱刚刚 4 岁的时候，我们一起拜访了他的外公外婆，在那里我给他看了我妻子婴儿时期的照片，接着我俩发生了如下对话：

他：这是妈妈还是个宝宝时的照片。那时我也是个宝宝吗？

我：不，那时你还没出生呢。

他：那我是个大人或者妈妈吗？

我：不，那时你还谁都不是呢。

他：好难过啊，谁都不是。

对于伊莱，不曾存在的状态令他感到悲伤，而不是漠不关心。我对迫近的死亡有着狂躁的厌恶，不过我想我没有把这种态度传播给伊莱，所以他对死亡的看法可能还更不明朗。如果我这样做了，他恐怕也会患上纳博科夫讲过的“时间恐惧症”*：纳博科夫在家庭录像中看到他出生前那个世界，尚无他的世界，这时他体验到了巨大的恐慌。[16]

对称论证设想的是一个更为传统的态度来看待出生前的不存在状态，并尝试以同样平静的态度面对死亡。要发挥这一进路的效力，关键在于厘清死后和生（孕）前这二者远比想象中要琐碎的区别。一方面，如果我不是在 N 年死掉，而是在 10 年后（N+10），这意味着我会活更久，而且要是一切顺利，就能多享受一些活着的好处。与此对照，假如我生于 1966 年，而不是现实中的 10 年后，我没有理由认为自己会因此更长寿（保险精算的数字说明恰恰相反）。希望迟一点离开人世而不是早一点出生，有一个平淡无奇的理由：这样一来，你可以多活几年。另一方面，假如我生于 1966 年，我的生活将与现在大有不同，这样的生活会走向何方也很难预料。即使我们确信这样的选择会带来额外的 10 年幸福，就像我们在上一章末尾讨论过的，风险厌恶和关注往事细节而产生的压力，会让我们拒绝这个选项。

这些观点没有错，但流于肤浅。我们能感受到眼前的路与

---

* 时间恐惧症（chronophobia）是因感到时间流逝、匮乏而发生严重焦虑的一种心理症状。

后视镜中的路在有限性方面存在分歧，而前面的观点没能接近这一分歧的深层。有许多人备受一种渴望的折磨：渴望生命向未来无限延伸，永无止境。但谁要是渴望生命向过去无限延伸，永无初始，说好听点是咄咄怪事、好笑的怪癖，说难听点就是病态，即纳博科夫的时间恐惧症：想象一下，有这样一类人，他希望自己没有生命的起点，而是一直以来都存在着，熟稔所有的历史片段，但 50 年后会死去。理解这番对比，不在于无限未来和无限过去在时间的长短上有所不同，也不在于虽有更好的生活，但因确知现实生活的那些美好细节，因而有所决断（正是上一章论述的内容）。

对称论证的主张还没有得到解释或辩护。出生前的不存在也许是可怕的剥夺，比无止境的生命还要糟糕得多，但对它的反应充其量也就是轻微失落，除此之外的其他情绪真的没有任何道理。而除非我们能以其他理由说服别人，这也应该是我们对待死亡的正确态度。死后的不存在是可怕的剥夺，比无止境的生命还要糟糕得多，但也不过值得你轻微失落一会儿罢了。原则上我们可以反过来达到这种对等：夸张我们对出生前不存在的厌恶，复制一份适用于死后世界的时间恐惧症，来解释我们对死亡的长期恐惧。但实际上这几乎没什么用。一个人对于出生前不存在的态度最多也就是伊莱有的那种（我希望如此）：对于自己出生前的时间、有限的过去抱有逆来顺受的忧郁，而他对待终有一死的前景也该一样。

对于生活在死亡恐惧下的人们，我们已找到了第一种值得尊敬的疗法，欧文·亚隆也提到过它（这一次更可信）。[17] 其疗效不基于任何错误，但仍然不稳定。它依赖于这样一个信念：出生前和死后这两种不存在状态之间，并无实质区别，认为二者彼此镜面对称，这是合理的，没有什么能打破这种对称。这一信念又有多保险呢？

在上一章我们遇到过德里克·帕菲特，他致力于思考悔恨的局限性，现在我们又和他碰面了。尽管出生前与去世后的时间存在十分本质的联系，它们之间也有着不容忽视的区别。思考悔恨局限性问题 8 年后，帕菲特将自己的目光转向了这一区别：毕竟，前者已经过去，而后者尚未到来。出生前的不存在和死后的不存在具有截然相反的时间方向，这个区别，能让我们对两者的厌恶程度不同变得合理吗？帕菲特的观点微妙而得当：我们的欲望会对不同的时间方向做出不同回应，因而会区别对待过去和未来；但也许不该这样。

帕菲特通过另一个著名的思想实验阐明了自己的立场，即“我过去或未来的手术”（My Past or Future Operations）。[18] 以下是一个缩略版本：

你在一间医院里醒来，知道自己必须接受一台生死攸关的手术，却不确定这台手术是否已经做完了。而护士也想不起来了：你可能是昨天就做了手术的那位病人，手术时没有打麻醉，被持续疼痛折磨了 4 个小时；你也可能被安排在今天晚些时候手术，虽然还是不打麻醉，但没那么痛苦，疼痛只会持续 1 小时。护士会检查记录表并告知你真实情况。

帕菲特问：你期望收到哪一个消息？他的猜测是你会期望昨天已经动过手术，即使你的生命中会因此多几个小时的疼痛。我也这么想。就像帕菲特说的，我们“偏好未来”：相对过去已经历的痛苦，我们更在意即将到来的。[19] 反过来，这一点对愉悦也适用。如果你期待找点乐子，比如参加聚会，而不确定这聚会究竟昨天已经举办过了还是安排在今晚，你期望的非常有可能是后者。未来的愉悦也比已成过往的愉悦更有价值。（回忆也会带来愉悦，干扰判断，为了从具体的回忆中抽离出来，我们可以假定你不会记得这场聚会，无论它是什么时候举办的。它就是那种你记不起来的聚会。）

出生前的不存在和死后的不存在是“对称”的，而如果你正是偏好未来的人，不大会买账这类对称。[20] 你会拒绝上文给你带来的安慰。未来的有限性夺走未来的愉悦，你对此无比渴望；

过去的有限性则夺走你不曾经历的愉悦，但那只是你相对不那么关心的问题。难怪死亡会激起恐惧，而过去你未曾经历的永恒岁月不会。

在波伏娃的恍惚中，我们也可以读到对未来的偏好。不管你许诺给自己怎样的愉悦，一旦诺言实现这些愉悦就不再有了。回望时它们似乎什么都不是，至少比不了展望之时：后者才是凝视着脚下的金矿。我们都不可避免地被骗了。

然而，帕菲特会坚持，你偏好未来的事实（如果确有其事）并不影响决定性问题，即最终你的态度是不是理性。偏好未来能解释你的感觉，但可能无法为之辩护。帕菲特主张，我们应该摒弃对未来的偏好，尽管很难说他给出了什么证明。他主张“时间中性”，也就是给过去和未来的经历以同等地位，而为时间中性辩护的主要理由之一是，它缓和了死亡恐惧。[21]

我认为，偏好未来到底是否合理，应该说仍然是个哲学上的未决问题。一方面，对“我过去或未来的手术”的惯常回应，很难说就违背了理性。可另一方面，它会急剧滑向奇怪的结论。想象一下，有人在手术前一周问你，你是想在周一上午接受手术并经历 4 小时痛楚，还是在周二下午动手术，仅受罪 1 小时？由你来选。除非你这个人坚持不走寻常路，你会选择周二。然而，如果你偏好未来，我们可以十分肯定地预测，你周二早晨一醒来就会后悔这个选择。在那个时点上，你正处于帕菲特的剧本中，希望自己已经在周一经历了 4 小时疼痛，而不是当天晚点时候去经历 1 小时疼痛。如果偏好未来是理性的，那么做自己肯定会后悔的决定就也是理性的。这可能吗？

我把这个问题留给也许正在世事半途挣扎的你。如今你也许已度过 40 多年光阴，如果一切顺利，还有 40 多年同样的光景。你会接受时间中性的态度，认同死亡不过是出生前不存在状态的镜像吗？当生命飞逝，“[你] 越来越少了期盼，却越来越怀恋过去”。[22] 这样也挺好的。如果你能接受这一切而不陷入时间恐惧症，（在哲学的帮助下）你就在接受有死性的路途上迈出了一大步。

但是我得坦白，也许你从前几页条件句的用法中就能发现，这对我不适用。我不反对时间中性，也认识到了它的好处，但我认为偏好未来也很合乎理性。在性格上，我更接近波伏娃而非帕菲特，更倾向于因时间不可逆转的流逝而愤恨，而不是欣赏恒久真实的过去。当我照镜子时，我看到的是一个偏好未来、深深恐惧死亡的人。我们就没有什么要跟这个人说的吗？

物极必反？

让我们暂且先搁置对未来的偏好，单刀直入地讨论一下哲学家米格尔 · 德 · 乌纳穆诺（Miguel de Unamuno）以非凡气魄表达出的不死愿望 ："我不想死。决不！我不想死，也不想 '想死'。我想活着，永永远远活着。"[23] 这个说法意味着，不死的愿望变成了永生的愿望，这为我们的治疗确立了新角度。如果我们能说服自己，永生不朽不值得期盼，或许我们就更能接受死亡。

不朽的生命并不像人们歌颂的那样美好，哲学家为了说明这一点已经颇费文墨。英国哲学家伯纳德 · 威廉斯（Bernard Williams）说，永生的主要威胁是无聊 ：苦涩、极度烦恼、失去希望——它们不会带给人恒久的福祉。[24] 美国学者玛莎 · 纳斯鲍姆（Martha Nussbaum）和塞缪尔 · 舍夫勒（Samuel Scheffler）则表示，主要的问题是异化。[25] 永生彻底不同于人类目前的境况，它难以维持那些为我们的有死时光赋予意义的活动。深入思考永生问题的不只是哲学家，从希腊神话中能够永生但无法永葆青春的提托诺斯（Tithonus），到娜塔莉 · 巴比特（Natalie Babbitt）的儿童文学经典《不老泉》（*Tuck Everlasting*）中的居无定所之家，几乎每一部关于永生的小说、戏剧或电影中的世界都是反乌托邦的。波伏娃自己也写了一本 ：《人皆有死》（*All*

Men Are Mortal)。在书中，一名不安现状的女演员拼命挣扎，与获得永生却活得毫无意义的贵族雷蒙·福斯卡形成了耐人寻味的对比。

对永生如潮的负面评价，或是我们在深层上仍依赖有死性的表现，或是为了掩盖事实的垂死挣扎。尽管对此我也有自己的疑虑，但我不会轻易站队。况且要驳斥热切渴望永生的合理性，我们还有个平淡无奇的理由。不论永生有多么美妙，对人力不可及之事苦苦追求，为人必有一死而哀恸仿佛这就是巨大的不幸，这些难道是缺少某种超凡之力？我看只是痴心妄想。如果一个人患了绝症，他因此无法拥有完整的人生，那他的确有理由感到悲伤或期望不死。可是得知永生的欲望无法实现，为此焦虑得瑟瑟发抖，这合理吗？

一位朋友分享了自己对超人的喜爱，并期望自己也能“比疾速的子弹更快，比火车头更强，一跃就轻松跨过摩天大楼”。我能理解：谁不想呢？但当我几个月后再见到他时，他看上去糟透了。他夜不能寐，冷汗涔涔，忧惧缠身，为自己双眼不能发射激光束而惆怅，抱怨自己只是个凡人，而不是什么氪星来客。他真得控制住自己！没有超越人类极限的能力绝非什么不幸，更不该让你充满绝望。

对永生的欲望又有何不同呢？就算长生不死妙不可言，它跟让人飞行的能力没什么两样：它是一种魔力，哀悼自己没有这种魔力有悖常理。我们可能怨恨45岁英年早逝的风险，可如果死亡在人生末尾才降临，比如85岁或90岁，它还会激起我们的愤怒吗？我们已经活了些岁数，尽管我们可能想再多活一些时间，但提出这样的要求就有些贪婪了：这种对生命的欲望既厚脸皮又病态。当波伏娃抱怨自己的生活受限于时光短暂，不是“神的生活”，而“只不过是人的生活”，受困于时间的洪流时，这样的指责可用以反对她。[26]梦想着像神一样永生是一回事，但因为这仅仅是个梦就认为自己上当了，又是另一回事了。从这点看，波伏娃对死亡有些沮丧过度。这是贪婪的表现，是对超人之力的无度索求。

让我们把永生不朽当作人类境况的激变吧，类似于人类长出了翅膀或是开始分裂生殖。我们会因为缺乏一些东西而怨恨难过，但好好想想如下二者间的区别：一是向往某些事物是合理的，一是缺少某些事物我们就愤恨悲痛。我得承认我现在的研究不科学，但它表明，在实践中这样区分可以让死亡不那么令人讨厌。如果没有其他办法，我们不妨试着好好反省一下自己，对永生的欲望是不是过于强烈，对死亡带来的伤害是不是过分添油加醋。

我绝不会错过任何一个自责反省的机会，但恐怕在这里，以上安慰也很有限。（我希望我能在承认这一点的同时不影响你已经取得的任何进步。）第二种疗法的根本局限在于，它把对永生的欲望当作一个人对自身最优境况的追求，这里的最优，是一种超出人类可能性范围的好处，被这样贪得无厌的要求鬼迷心窍是错误的。但这种要求并非面对死亡时担惊受怕的唯一源泉，仍有其他因素存在，而我们无法轻易驯服它们。这些因素除了自利外，还有自我保存：这是两个不同的动机。

区分二者的一个方法是来关注一个被哲学忽视了的现象。如果你处于中年阶段，这个现象对于你与有死性的关系极为重要：它就是亲友离世之痛。通常正是在中年，死亡不像从前那样抽象，不再是天边的涌浪，而是近在咫尺的惊涛，冲入你的生活，吞噬你的亲人，而你只能眼睁睁地看着他们溺水。哲学家倾向于从第一人称视角思考死亡，但一些与死亡意义最为重大的交锋却肇始于友人之死，这绝非偶然。在现存最早的文学作品（公元前 2100 年）中，吉尔伽美什（Gilgamesh）这样开始他对永生的探求：

> 吉尔伽美什泪别了他的朋友恩奇都，
> 他涕泣着穿越旷野，心如刀割。
> “我也终有一死吗？终会像恩奇都一样丢掉性命？

我可如何忍受，这啃噬着我肺腑的悲伤，

还有这无休止地驱赶我向前的，对死亡的恐惧？”[27]

而对许多人来说，是父母的离世头一次让有死性靠近了家门。

让我冒着成为“扶手椅心理学”的危险解释一下。当所爱的人去世，不止一个原因让我们畏缩。其中之一是死亡剥夺了他们的生命，这是严重的伤害，早夭、英年早逝尤其如此。我们爱他们，希望他们过得好，希望他们不要死去。另一个让我们畏缩的原因是一个独特而朴素的愿望，即期望他们继续生存。这与他们的幸福无关，而与失去某个重要的人有关。我们爱他们，依恋他们，所以不愿放手。

爱至少有两面：一面是关心他人过得怎样，希望把最好的东西给他；另一面是觉察到值得保护的价值，热忱回应人类生命的尊严。当你爱一个人，你会发现这个人的存在非常重要，无可替代。（这里我再次回应了我们在上一章谈到过的，康德关于尊严与价值的对比。）这些维度可能会互相冲突。如果你爱的人康复无望，正在接受姑息治疗，备受痛苦，继续活下去可能对他们毫无益处。可即使你承认这一点，从他们的角度期望痛苦快点结束，一个反作用力仍须克服，那就是你对他们爱的依恋。某种程度上，就算他们真的大限将至，你也不希望他们的生命之火就此熄灭。你知道对他们来说什么是最好的，但你一下子接受不了。

至少对我来说是如此。（我同意，一个人应该对特殊情况一般化的操作保持警惕，尤其在我们提到的这个情境里。）如果你能与我的叙述发生共鸣，你就能把两件事区别开来：想要你爱的人们过得最好，和想要他们活着。尽管第二个欲望被我称为“依恋”，但它不必带有私心，希望自己不会失去某人；它是希望我们所爱的人继续活着。当我想到我儿子生命的最后时刻，我希望这发生在我离世很久以后，那时他已是老人，皱纹满面，行动迟缓，精力耗尽。我同样厌恶这一切并倍感痛苦。令我伤心的并非我们亲情关系的终结——担心这个已经太晚了——而是伊莱将不复存在。如此越俎代庖地希望他永生并非想要把最好的东西给他，而是另一种爱的表达。

还有个因素，是对自我的爱。与其从内在出发，从我们所爱的人的离去发觉自己终有一死，在这样的阴影里面对死亡，不如从外在去接近死亡，以亲友离世为先例，学习如何感受死亡。关于我终有一死的现实，确实有很多伤心的原因。我希望给自己最好的东西：如果永生就是一种无限的好，那我铁定要失望了。但是我仍有更进一步的朴素欲望，就是存活下去，这是一种对自我的依恋，它与我个人的幸福无关，而与意识到自我的价值有关，意识到我和每个人类灵魂一样，都具有同样的尊严，只是这次对尊严和价值的意识更为亲密。

第二种疗法的问题，它最大的短板，在于它只回应了两种欲望中的一种。也就是对永生的追求是希望给自己最好的东西，它与追求超能力无异：这在某种程度上可以理解，但因此感到痛苦难耐就违背情理了。期望未获满足就让你痛苦,这是一种贪婪。但仅仅克制住这种欲望并不足以与死亡和解，因为还有问题留待解决，即那种无可替代的感觉：你希望自己持续活下去，就像你希望所爱之人那样。有了这样的欲望，面对灭亡时的畏缩也就没有节制可言，而无关于什么才对你有益。所以，我们的疗法还不全面。它有效与否取决于你因何厌恶死亡，究竟是什么在困扰着你：是被剥夺了活着能享受的好处，还是仅仅因为生命的终结？

但同时，把有死性描绘成亲朋离世之痛，从他人的死亡中认识自己的死亡，我们也有所收获。那就是，我们对生活的要求要与人类能力可及的范围相称。此外还应承认，不论可能有多么痛苦，都会有一个接受死亡的过程，即便死去的是你的所爱之人，即便这个所爱之人就是你自己。这在现在看来可能不现实，但当你经历了父母或朋友的去世后，你就可以学着放手，就像有一天你我也必须放开我们自己一样。如果我们现在就能这样做，那就更好了。

苦涩的结尾

很难给这一章内容做总结。如果仅从自利角度出发，我想表达的是，对死亡抱有恐惧是不合适的，哲学能治愈有死性带来的悲痛——不是以愚弄死神的方式，而是在无边无际的活下去的欲望里找到思想混乱之处。但事情的走向并不像我设想的那样。当我失眠时，我想象着自己生命的最后时光，最后一眼、最后一次触碰、最后一口美食，恐慌的情绪震慑了我，而这不是犯逻辑错误。没有什么能压制这种绝望，概念区分也无法令它消失："这是恐惧的一种特别形式 / 没有戏法可以驱散。"[28]（来自菲利普 · 拉金，一位在 1963 年虚构了一次性体验的诗人。[*]）

但哲学不是一无是处。认真沉思出生前的不存在状态我们就会发现，出生前的空无一物，本身与死后到来的空无一物没有区别：这会帮到那些不怎么偏好未来的人，他们可以把死亡仅视同为未出生时的深渊带来的那份扫兴图景。把永生设想成一种超能力，一种过分的天赋，而非合情合理的需求，这也对一部分人有帮助：这类人的爱是付出，是给自己所爱之人（包括自己）最好的东西，而非保存所爱之人、让他们活下去的冲动。他们不

---

* 菲利普 · 拉金（Philip Larkin）及这里谈到的相关诗句见"中年危机小史"。

会因生命的脆弱而悲恸，他们能意识到永生的欲望有多过分。

我猜想，如果这些疗法对你有效，你就比拉金或者我都要不惧死亡了，你将更适应你的结局，不容易在不眠之夜里被恐慌支配。不论如何，我愿意把它们带给你。如果一个医生在治愈自己之前都不愿意诊治其他人，那他简直是个吝啬鬼。但这还没结束。即使对我来说，爱的两种概念区分（关心和依恋）这个办法里也仍有希望闪烁。在两种区分之外，我还看到了仁慈，即希望把最好的东西给别人，哪怕自己并不依恋这些人，不会舍不得放他们走。要接受有死性同时又不放弃承认生命的尊严和价值，是有办法的。

这里，我认为西方哲学中西塞罗、卢克莱修和蒙田等人的遗产与佛教一个分支的思想不谋而合。佛教的基本教义有“四圣谛”，表达得言简意赅，但这种简洁很有迷惑性。前三谛像是俏皮话：人生是苦，痛苦之源是依恋（执），灭除依恋是修行之目的。* 第四谛的实质是“八正道”（这违背了前面承诺的数字。这样来算，实际上有多少条圣谛呢？十一条？如果八正道中的一部分也像第四谛这样微言大义的话，或许更多？）八正道从

---

* 四（圣）谛是佛教的基本理论之一，即“苦集灭道”，旨在说明生命的本质是苦，并解释了为何苦，如何解脱苦。此处按原书英文译出。而 attachment（依恋）一词在佛教语境中常对译“执（迷）”。

另一个角度克服自满，因为它很难单靠智力去体悟，而需要通过正念进行长期的净化练习。这正是认知疗法做不到的地方：你能学会怎样摆脱依恋，但就靠读一本书是不行的。

不像一些佛教徒，我不认为依恋必然是支配性的情感。我不认为当我想到伊莱死去的画面时，我感受到的阵阵眩晕真的是关乎我。它是对伊莱在我眼里的价值的回应，这样的回应很好理解，不是什么伦理错误。尽管如此，我们已经有了洞见，依恋并非必需，爱可以与依恋分离。逃避爱意是一片黑暗，无可逃避的悲伤则是另一片，然而两片黑暗之间仍夹着一隙光明，那正是我们要调转船头前进的方向。

问题是该怎么做？在这里，佛教传统也给了我们一个答案，它的目标非常彻底，尽管效果还不明确。在本书最后一章，我将引入正念这个佛学概念，借助东西方传统的又一次交汇，让西方思想的一条溪流汇入佛教的八正道中，尽管水体浑浊，水流纷乱。我会聊一个老生常谈的心理自救话语，“活在当下”，给它注入新的生命。我规划了一条线路，它深抵我个人中年危机的深层。我会冒险谈一谈我对出轨、提早退休以及闪亮的跑车等诱惑的观察。如果这就是你渴望的东西，你不会等太久了。

Chapter 5

活在当下

我正站在麻省理工学院的办公室里，抱着手臂盯着电脑屏幕，看着光标在标题边上闪烁，“活在当下”，犹豫着。我真的想写这一章吗？

我当然想。我已经在这本书上花费了数月时间，更是用了几年来构思它，我想写完它。但诚恳地说，这样做的想法令我又一次充满恐惧。我把问题直接摆给自己：“假如这本书写完了，草稿经过审订和编辑，校样也送了回来：这会给你带来巨大的喜悦和幸福吗？”我抑制不住的自我意识明确地回答：“不！”或者往最好里说，我是矛盾的。我写完这本书时，会为自己做了一些我认为值得做的事感到高兴，但又不得不向一个对我意义良多的计划说再见了。这将在我的生活中留下一个大窟窿。

要是生活经历像东逝水那样一去不返，那么这个窟窿将很快补上。这个计划走了，下个计划会来：开一门课、读一本书、写一篇文章，我将继续下去。但是，持续的工作仿佛在跑步机上奔跑。生活是一连串的计划，你每完成一个就抛诸脑后，它们的数量会慢慢加上来。未来会带给我的，只是更多的成就与更多的失败，就像过去的那些。区别不过是数量上的，一切都只是事项的累积。

不只工作是如此，个人生活中的常规里程碑也是这样：初吻，初恋，初夜，订婚，结婚，生儿育女，一把屎一把尿把他们养大，上中学，上大学，走进他们自己的生活——喜剧演员斯图尔特·李（Stewart Lee）称之为“人类对一切的冗长无尽的喜悦”。[1]这些经历对我意义重大，但每一件都可以说是喜忧参半：渴望过，追求过，最后完成，却是失落。那些已经过去了，现在还有什么呢？

我不是唯一感到生活重复徒劳，一旦欲望满足便有空虚来袭的人。也许你也在承受这些，深陷于中年的奔波，事情一个接着一个，不知道等待自己的会是什么。我们简直是教科书式的中年危机遇难者，挣扎着去做那些看似有意义的事，做得也不赖，可同时又不得安宁，壮志难酬。

尽管与密尔颇有共鸣，但第1章的处理方法并不适用于我的苦恼。问题在于，撰写一本书或教授一门课不像密尔旨在减轻人类痛苦的社会改革那样，只有缓和性价值。不论它在解决问题、满足那些我们最好没有过的需求方面多有效，哲学努力的价值不止于此：它具有存在主义价值。（至少我相信它是有的，尽管哲学并不是唯一能提供这种价值的活动。）

我们讨论的问题也不是错失（第 2 章）或犯错（第 3 章），这两种欲望难以满足的典型情态。我们的挑战不是挫折，而是如何获得自己想要的东西；而困惑则是，即便成功，看上去也像是失败。不论我们的问题和面对死亡有多大关系——在我的案例中二者存在深层的联系——在人生之书的各章节里，即使有望获得永生，也无法平息我们对一连串成就中夹杂着的空虚的怀疑。不论一个接一个地追逐有价值的目标有什么问题，它无法永远通过延长这种追逐而痊愈。

我们正与这个危机周旋，而它比我们已经面对过的任何危机都更难对付。别因此泄气。当我一屁股坐在治疗师的沙发上，听任固执的哲学家哄骗，我会提取总结出自己的问题清单，这同时也是清单上那些问题的解决方案。自始至终，答案都在我自己身上。是阿图尔·叔本华，这位西方哲学史上颇负恶名的悲观主义者，同时也是“得到你想要的”（getting what you want）精神的严谨批评者，指出了这一点。

叔本华的洞见

阿图尔·叔本华 1788 年生于但泽（现为波兰境内的格但斯克），父亲是商人，母亲是颇受欢迎的小说家。叔本华 15 岁时，他的父母准备踏上一场诱人的欧洲旅行，为了能够加入父母，叔本华不情愿地答应了父母，放弃自己的学术抱负，继承家业。[2]事后看来，这个决定大错特错。1803 年夏天，叔本华目击了伦敦城的一次犯人处决，亲见了受刑人脸上的畏惧和恐怖；他访问了法国的公共监狱，那里把罪犯像动物园中的动物一样展览。多年之后，他会将自己的经历与佛陀在开悟过程中遭遇的疾病、衰老、痛苦和死亡做类比：都是对人生不幸的深刻揭示。[3]叔本华作为一个顺从的儿子得到的奖赏，简单地说，是有史以来最糟糕的家庭度假。

事情并未转好。两年后，父亲去世，死因是从仓库阁楼跌落，掉进水渠淹死，疑似自杀。[4]叔本华信守诺言，开始从商。他艰苦地熬了两年，然后重归学业，先后被迫辗转于哥达、哥廷根、柏林、耶拿等地，直到 1813 年终于获得了博士学位。他的博士论文《论充足理由律的四重根》在他母亲约翰娜看来晦涩难懂，她对那本书不屑一顾，认为它是一本“写给药剂师看的书”，旁人一概不会买的。[5]两人间的紧张关系再未弥合。1814 年，叔本华搬去了德累斯顿，自此再未见过母亲。

在德累斯顿，叔本华完成了自己的代表作《作为意志和表象的世界》。可惜的是，这部作品并未很快收获认可。在柏林大学任教期间，叔本华故意把自己的课程排在与黑格尔相冲突的时段，而后者是当时最负盛名的哲学家，这就好像把试播剧集排在超级碗直播的时段。* 不出所料，没人来听叔本华的课。1822年，叔本华倍感耻辱地离开了柏林。1851年，他整理出版了自己的一些哲学短文和反思性论述，定名为《附录和补遗》（*Parerga and Paralipomena*），这部著作为他在生命的最后阶段赢得了一些名声。9年后，叔本华在自己公寓的长沙发上辞世，享年72岁。

叔本华对欲望充满警惕，你应该不会对此感到惊奇。但他的态度出人意料地极端：不是欲望常常得不到满足，而是它们制造了一种困境，即使满足了欲望，也跳不出这困境。假设你真得到了自己想要的，即你的欲望终于得到了满足。你本应感到高兴，可恰恰相反，你发觉此刻的自己漫无目标、情绪低落。你的追逐结束了，现在你无事可做。生活需要方向，你必须有未获满足的欲望，尚未实现的目标或计划。然而这也是个致命的问题，

---

* 美国电视剧通常先拍摄试播集，视市场反应确定是否继续拍摄或是否调整内容。超级碗（Super Bowl）指美国职业橄榄球大联盟的年度冠军赛，常年居美国电视节目收视率首位。

因为想要的东西自己尚未拥有，也是痛苦。正如叔本华在《作为意志和表象的世界》中写道的：

> 然而一切意志的基础都是需要和匮乏，因而也是痛苦。那么，从生命的本质和起源来看，[一切生命]注定是痛苦的。如果反过来，欲望太容易满足，意志的目标立时就会被夺走，于是它缺少了目标，可怕的空虚和无聊会乘虚而入。换句话说，其所是和存在变成了自身难以忍受的负担。如此一来，生命就像一只钟摆，在痛苦和无聊之间来回摆荡，而事实上这两者也正是生命的终极组成部分。[6]

这就是叔本华的困境，你的意志要么有目标要么没有，你要么想要点东西要么不想。如果你不想要什么，你就漫无目的，你的生命就是空虚，这是无聊的深渊。而如果你确有所求，它一定是你尚未取得的成就，进而成为你追寻的标靶，指引占据你生活的各种活动；但想得到尚未拥有的东西又非常艰辛。为排遣无聊而找事情做，你就会将自己置于悲剧之中。

难怪叔本华的课堂从不人满为患：他绝不是个激励人心的演讲者，恰恰相反。他所描绘的人生图景极其黯淡。失去目标的人生的确空虚，甚至都不算人生。我们需要有事可做，而且当我们完成了手头的事，我们还得找更多事来做。但是对目标的追逐并不纯粹是痛苦的，至少不必然是痛苦。我想要撰写这本书，由于它将在未来写完，因此我对未来持积极态度；而当下它还没有完成，因此我对当下持负面态度——未完成的草稿还在我的电脑硬盘里呢。对于叔本华来说，这样的负面情绪令人痛苦。事实上，我们可以辩解说，这也没那么坏。对我来说，追逐目标是出于兴趣，而非急迫又苦痛的渴望。把追逐目标称为“受苦”实在夸大了欲望未获满足带来的情绪冲击。困境迎刃而解！

但叔本华还是触及了一些重要的东西。他对人们与欲望的关系充满怀疑，但其中有真知灼见。让我们从这个角度来思考，你的人生之所以有意义，是因为你有目标。但是当你追逐目标，你可能失败（这是负面的），或者成功的同时让这些目标走向终结。如果你关心的是成就——获得升职，有自己的孩子，写一本书，挽救一个生命——完成计划可能是有价值的，但同时意味着计划将无法再引领你前进。当然，你有其他目标，也可以形成新计划。这里的问题不是目标枯竭，不是叔本华所说的无聊又漫无目的梦魇，而是你追逐价值的过程是自我毁灭的。你和那些对你来说意义重大的活动发生联系的方式，是你尽力完成它们进而将它们逐出你的生活。你花费光阴，就为了把那些为光阴赋予意义的活动一件一件地完结掉。尽管你不可能将它们悉数解决，可这也起不到什么安慰作用。每完成一项成就，你就获得片刻满足，而满足也止于片刻，它同样带不来多大安慰。一些价值能够塑造你的生活，但是你与这些价值之间的关系存在内部矛盾：你在不停地追逐和完成的模式中与这些重要价值会面，可你对结果的追逐又会排除类似会面的可能性。在追逐目标的过程中，你也在试图终结自己与正面因素的互动，仿佛你交朋友就是为了跟他们说再见。叔本华让我们认识到的正是这个结构性荒谬，尽管他关于欲望之苦的观点存在偏颇。

遵循前几章的先例，我们将学习一些新词，以继续沿着精神发展的小径前进。就从日常生活中的常见活动开始吧：求职、整理报告、下班开车回家、听音乐、散步。借用语言学的术语，我们可以讲有些活动是“终结性的”：它们的目标就是实现终结状态，在这一状态下它们被完成，然后消亡。[7]（英文的“终结性”一词“telic”源于希腊语“telos”，意思是结束、结果，后者也是“目的论”一词的词根。）* 开车回家是终结性的：你到家后，这件事就做完了。诸如结婚或写书这样的计划也是，它们都是可以做完的事情。也存在其他“非终结性”活动：它们的目

---

* telic 在语言学中译为“终结性（的）”，其他语境（如哲学）中则常译为“有目的的”。“目的论”英文为 teleology。

的不在于抵达事物终局或衰竭的那一点上，不追求事物实现的最终状态。正如你可以从 A 地步行到 B 地，你也可以漫步而不以任何特定地点为目的地，这就是一个非终结性活动。听音乐、与朋友或家人逛街，以及思考中年生活，也都是非终结性的。你能将这些活动停下来，而且你终将这么做，但你无法完成它们。它们没有界限，没有结果，自然也无法衰竭或是抵达终点。

亚里士多德在《形而上学》中也做了同样的区分。亚里士多德认为，有两种"实践"（*praxis*）行为。有些是"不完整的"，例如学习或建造什么东西，因为"如果你在学习，那你还没有学会"。然后，还存在"一种包含了完整自身的行为"，例如观看、理解或思考。[8] 亚里士多德将第一种活动称为"变化"（*kinêsis*）：它的本质是终结性的，其目标指向自身的完结。因此，哲学家阿丽耶·科斯曼（Aryeh Kosman）曾有此妙语："[它的] 存在是自我颠覆性的，因为它全部的目的和计划就是自我毁灭。"[9]

被计划拖得筋疲力尽，执着于把事情做完，就会遇到这样的问题。如果你人生意义的来源中有太多终结性活动，那么不论它们的价值是什么——终极的、存在主义的或缓和性的——这类活动的成功只能意味着休止。你仿佛在为摧毁自己生命中的意义而奋战，除非你的计划多到无法全部实现，或者你一直坚持找到更多意义，不然你就没救了。这是叔本华的洞见：如果你聚焦于终结性活动，你的努力实际就是在与自己作对。你的动机可能源于痛苦，更可能“源于不足，源于欠缺”：欠缺的原因之一，是现实与你期望达到的终结状态还存在距离。[10] 然而一旦实现了那个目标，你就终结了一项给你的人生带来意义的活动。

正是这样自我毁灭的引擎驱动了我的中年危机，或许你也是这样的情况。为了尝尝终结的滋味、验证自己终结各种活动的天资，为了成就，为了下一件大事，以及个人生活和事业上的成功，我已经花费了 40 年时间：而这一切竟只让我感到其中的空虚。满足永远只在未来和过去。这样简直没办法活下去。

社会史学者的困惑是，努力和成功的意识形态是如何随时间发展的，它怎样在历史的不同阶段和不同地区保持局域性，又如何与“新教伦理和资本主义精神”相联系（此处援引了社会学家马克斯·韦伯 1905 年那部标杆式著作的标题）。[11] 而我们的问题则是，它如何与中年相联系。原则上，任何人在终结性倾向的核心之处都会感到空虚。像密尔这样的奇才可能会更早遭遇中年危机。但一个人对终结性活动的依赖最容易出现在中年，这时长期目标或是完成，或是被证明不可能实现。你拥有努力多年才得到的工作，拥有你曾经希望邂逅的伴侣，拥有此前打算组建的家庭——或者这些你都没有。到了现在，你可能已不再有理由去思考雄心的枯竭，思考在多大程度上你的生活是围绕这些雄心建立的。事情已变明朗。也许有点模糊，但你能感受到灵魂中那自我毁灭的部分。欢迎来到我的世界。

自此，我们的路径将有所不同。如果你的危机十分急剧，你会在人生的记叙里看到支离破碎：一切都分崩离析了。在蕾切尔·卡斯克（Rachel Cusk）不太好懂的小说《轮廓》（*Outline*）中，一位创意写作者前往雅典给那里的学生上暑期课。她关于自己人生的博学储备激发了一些人向她忏悔。以下是她的朋友潘尼奥提斯离婚的故事：

> 他现在意识到，进步法则总是在他的婚姻中发挥作用。他获得了住房、财产、座驾，还渴望爬上更高的社会阶层，更多次旅行，朋友圈更广，甚至连生孩子都成了这场疯狂旅程中的必经站点；而现在他看到，一旦没有更多事情加入进来或可加改进，没有更多目标完成，没有更多阶梯攀登，这场旅行将不可避免地按照常规形态发展，他和妻子将被徒劳无功和强烈的病态感困扰。其实那种病态感不过是经历太多折腾之后生活的平静感，就像出海太久归来的水手刚走上岸时的体验那样，但这对于他们夫妇来说意味着，他们不再相爱了。[12]

对于潘尼奥提斯，追求终结性并将人生意义首先押宝在各项计划上的思维方式正在逐渐耗尽，并把他引向了叔本华式的深渊：在他与妻子的关系中，仿佛没什么事情可做了。然后，就像寻宝时最后一条线索被破解，婚姻走到了终点。错误一开始就出现了，它藏在从 A 点到 B 点的匆忙行进中：爱情不是一项有待完成的计划。

亲密关系会破裂，爱情会不完美，爱意也会褪去，哲学无法改变这样的事实。如果你沮丧的原因是对爱情持有这样终结性的态度，你感到爱情终有尽时，那么再来一段婚外情对你也没有任何帮助。问问自己：我是想和另一个人在一起，还是我只是渴望新的诱惑，渴望那种终结性的震颤，它来自再度坠入爱河或把某人诱上床来。我可没说你不会乐在其中，说不定你会呢，但它同样也有尽时。这段婚外情作为你的一项计划，迟早会走向终点，而你则又回到了出发的地方：欲望的尽头。想想引诱安娜·卡列尼娜的渥伦斯基："他很快发觉，渴望的实现仅仅给了他预想的极乐中的沧海一粟。这实现向他挑明了一个人总会犯下的错误：以为幸福就在于得偿所愿。"[13]

对婚外情的错误设想体现了一个更加普遍的错觉。假设，像我一样，你勇往直前，坚持以计划驱动人生。在为各种活动奔忙之下，你听到达成目标或是有所不甘的心声若隐若现，这是对自我挫败感的初步觉察。你感到什么地方出了差错，但说不清是哪里。你很容易去责备自己的选择：错误的亲密关系，错误的职业。于是你离开了的伴侣，换了工作。可能做这些事有很多好理由，但追逐计划、填补空虚不在其列，以这种方式回应中年危机非常糊涂。一发现计划中的瑕疵，你就归咎于这些计划的特定目标，而非自己完全围着目标转的事实，你就会尝试重来。只要重新开始意味着订立新的目标，那么这样做充其量也就是分散你的注意力，让你不再关注自己生命中的结构性缺陷。忙忙碌碌的确是分散注意力的好办法，但这治标不治本。

我是这样诊断自己的中年危机的。它部分是出于悔恨、错失感和对死亡的恐惧,但主要还是在回应“计划驱动型人生”这种自我颠覆式的活法。我遭受的折磨是慢性的，来得并不急剧，隐藏在事务的旋涡中：越来越多需要评审的试卷、等待组织的会议和计划阅读的书。我不是无法在散步或与朋友共度的时光中得到乐趣，也不是一事无成。问题在于我人生意义的诸多根源大部分还是终结性的:它们以终结性状态为目标。我与潘尼奥提斯的症结一样，只是我的状况没那么严重。我不幸被终结性思维左右，这解释了为何我在得到了想要的东西之后感到空虚、重复和徒劳无功。

我不知道这在多大程度上符合你的境况，以及你究竟在终结性陷阱中陷得有多深，但我很确定不止我一人这样。好消息是：我们的问题能得到解决，不仅在理论上，而且——跳出我的哲学舒适区——在日常实践中也可以。如果这一点上我是对的，并且你也与我同病相怜，那这本书将有可能改变你的人生。

叔本华的谬误

爱情不是一桩计划，但其他事情是，而其中一些肯定还意义重大。如果否定治愈疾病或结束战争所具有的缓和性价值，显然冷酷无情；而如果否定阅读小说、绘画或演唱歌曲一类艺术性活动的存在主义价值，则十分肤浅。它们都是终结性活动，但都值得去做。我们不该回避，也不该怀疑它们有终级价值：它们不只是收获下一个目的的手段。

那么这意味着我们是被终结性思维困住了吗？尽管它在哲学上有强大的控制力，但答案是：不。最近的思想家们几经努力，期望找到替代方案来破解围绕计划运转的人生。上一章里那位认为永生非常无趣的哲学家伯纳德·威廉斯写过一篇颇具影响力的论文，他在文中简单地认为终结性倾向是“一个人拥有一组欲望、关怀或按我的说法是计划，它们共同塑造了这个人的性格”，这些“基础性的计划［提供］了动力，驱使他迎接未来，给了他生活的理由”。[14]选用这些术语显然是有目的的。并非一切关怀都是计划，正如我们在潘尼奥提斯身上了解到的：爱一个人，与爱能和这个人一起做的事是有区别的。如果像威廉斯所说，只有计划能赋予我们活着的理由，那我所描述的中年危机就是必然的人类境况了。

但是威廉斯错了。你并不是你计划去完成的那些活动，你喜爱的活动也未必都是计划。不以终结性状态为目的的非终结性活动，也具有价值。随意散散步就乐在其中，哪怕只是游荡或远足，只为了步行本身。散步就是非终结性的：不像走路回家，它不以完结自身为目标，不会在某一刻让你再无可做。

建议你通过出门散步来缓解中年焦虑，看上去是个十分蹩脚的办法，尽管它没坏处，但也不是你追寻的启示。你勾勒职业生涯、亲密关系和子女的图景，围绕这些图景营造自己的生活，你不可能通过散步实现这一切。不过每一项塑造你生活的计划都有对应的非终结性活动。例如我本人，在写作本书的过程中，我边写边展开哲学思考：后者就是一项非终结性活动。哲学思考有意义，不仅在于它是完成写作的必备，更在于它自身的价值。如果写作本书的计划给我带来了人生意义，为什么像做哲学这样永无终点的非计划活动不行？如果我的困扰是由于在终结性活动上投入过多，那么解决方案就是爱上这些活动对应的非终结性活动，我们要在过程而非计划本身中寻找意义。如果你的困扰正是我这样的，那么这个解决方案就对了。

由于不以终结性状态为目标，非终结性活动就不会枯竭。你参与非终结性活动这一行为不会摧毁它们，不会像完成计划那样，威胁到它们自身的存在：它们不是自我消灭的。这种不竭性有另一面，亚里士多德表达了这一点，他称变化为“不完整的”，也宣告了观看、理解和思考的“完整性”：“在同一时间，一个人正在观看并且看到了，正在理解并且理解了，正在思考并且已有所思。”[15] 非终结性活动在进行时就已经完全实现，它们不指向一个完成然后被作为过去归档的未来宿命。如果你想步行回家但目前还在路上，你的行为就不完整，它还没有实现。你到家后，你步行回家的行为就全部结束。相比之下，如果你喜欢散步，那么只要在公园漫步，你就得到了你想要的东西，除此之外不用做更多了。你不是在实现目标的路上，而是已经抵达。

当我看重的不仅是写完本书的价值，还有写作与思考哲学本身的价值时，情况也是如此。我所看重的完全是当下，而非以后；现在，我一点空虚感或自我挫败感都没有。同样的转变也适用于不像哲学这么做作的活动：你为孩子们做晚餐，辅导他们做作业，哄他们睡觉——这些都是彻头彻尾的终结性活动——你就在抚育他们，正在践行一项非终结性活动。不像晚餐和家庭作业，抚育、教养孩子在每个瞬间都是完整行为；它是一个过程，不是一个计划。

自己来试试吧：把关注点从终结性活动转向它们对应的非终结性活动。一般来说，如果一项计划能赋予你人生意义，你同样有可能在做事的过程中找到意义。过程的意义不会用光耗尽，你不必留待未来就可以在当下兑现它。

潘尼奥提斯几乎领悟到了这一点，离婚后他与孩子们又游了一次泳，而那全在计划之外。以下是他的叙述：

> “……水是多么寒冷，难以置信地深，却又令人清醒，澄澈见底——我们在水上四处漂动，让阳光洒在我们的脸上和身上。我们悬在水中，就好像三条白色的根从水里冒出来。那段时光仍历历在目，”他说，“它们是如此强烈的瞬间，某种程度上就算其他事情全都忘掉了，它们也将伴随我们永远。但也没什么特别的故事与它们有关，”他说道，“尽管它们在我刚刚讲给你的故事中占据重要的位置，在瀑布下那一方水池游泳的时光没有任何归处：它不是任何事情的结果，它就是它本身，而‘本身’的意思是，我们此前作为一家人的生活中，从来没有什么事就是它本身，因为那些事情总是带来下一件再下一件事，总是在增添续写我们的故事，这些故事

构成了曾经的我们。而我与克里斯塔一离婚，事情就再不是这样连在一起了。尽管我努力数年，希望让事情看起来还保持着这样的关联。但水池中的时光没有续集，永远不会……”[16]

在水中畅游时，潘尼奥提斯终于全身心地活在了当下。但他没看到是，活在当下并不意味着正常生活的暂停，而是沉浸其中的一种方式。非终结性活动没有高悬在人迹罕至的峰巅之上，只要你找，就能找到。而在这些活动中你也能发现意义，到处都是。

切勿忽略非终结性活动的易得性，不然你可能会受到错误的引诱，整日想着提早退休，或是中年离职回家莳花弄草、打高尔夫。我不是说这是坏主意，但把这样明显循环往复、冗长无尽的追逐当作非终结性活动的唯一领域，那就大错特错了。非终结性恰恰就在最为紧张忙碌的目标型人生中，在一个接一个的任务中推进。努力工作是一种非终结性活动，是永不枯竭的现在时。一项活动，但凡完成它有价值，参与它就也有价值。你固然有百般理由离职，但不要因为那些错误的理由而这么做。工作方面，没有什么是天生终结性的。

如果闪电离职和疯狂的婚外恋都没能颠覆终结性倾向，如果如此典型的中年危机事件都没有命中靶心，那我们就该心怀感激地求助第三种伟大的老套做法：买辆摩托或跑车。倡导这么做有许多理由，其中之一是为了把关注点从到达终点的价值转移到在路上的价值上去。一个人买一辆快车不是为了更快地到达目的地。买车为的是享受旅途，而旅途是非终结性的。

这是叔本华的谬误所在。即使我们注定要追逐终结性的结局，就算它们是我们欲望的目标，它们也不是仅存的紧要之事；还有其他活动能给我们的人生赋予意义。追逐、解决和更新那些实现或未实现的成就是个自我毁灭的死循环，我们能从中解脱出来。办法是在非终结性活动中找到足够多的价值，这些活动没有结局或界限，它们的实现就寓于这些活动发生的那一刻。要从中汲取人生意义，就要活在当下（至少是按照这个意义丰富的短语中的一种意思来做），把自己从种种计划（它们环伺着每个人的中年）的暴政之下拯救出来。

我们被带到了哪里？如今我们已经知道该做什么，却未必知道怎样去做。从终结性向非终结性倾向的转变非比寻常。描述终结性活动的非终结性对应活动是一回事，做出有效的情感转变，从事物本身出发评估其价值，而非将它们看作达成其他目的的手段，则是另一回事。这也是我自己面临的挑战。与写作本书的行为相比，我**想要**自己对写作和思考哲学的过程关注更多，或至少给予同等关注。但是当我为本书工作时，我的注意力又被拉扯到独立的、不断累加的步骤上去，尽管要完成这本书必须采取这些步骤。我开始对一个写作问题感兴趣，研究怎样树起一个论证或者结束一个章节；我开始对一篇应该读的文章感兴趣。对计划的过度关注会威胁到过程之美，令它模糊不清，“[就像]一叶障目，不见泰山”。[17]这样一来，我又落入了旧的习惯、旧的价值模式和并不陌生的空虚中。我在理智上知道应对这种空虚的解药是什么，可在灵魂深处并未想通。

我不会把你抛弃在这里，像我在上一章做的那样，连路线图都不给你。在本章的最后一节，我将把从我们与叔本华的观点交锋中提炼出的这版“活在当下”，与佛教的“正念”提供的一些替代性观点，以及临床心理学，三者结合起来。我并非以上任何一方面的专家，但带着谦恭，我将在神秘与世俗之间找到一条出路。正念冥想有它的哲学重要性：它不只是对日常生活压力的治疗，但也不能提供形而上学的启示。一旦明确了这一点，我们对正念的自救口号会有更加明晰的认识，也能获得将它付诸实践的方法。

我所确信的

与叔本华的思想相比，早期印度哲学的启示更加振奋人心，两者的共鸣并不是巧合。在写作《作为意志和表象的世界》的前些年，叔本华一直在阅读印度教经典。[18] 受此影响他又研习了佛教，并在之后自称佛教信徒。他位于法兰克福的公寓一角的支架上保留着一尊铜制佛像，被每日清晨的阳光点亮。[19]

叔本华在 1813 年或 1814 年的某段时间读了《薄伽梵歌》，这是勇士阿朱那王子（Prince Arjuna）和黑天（Lord Krishna）变化而成的战车御者发生的对话，有可能就是对非终结性态度的大力劝勉："切不要化果为因，/ 亦不可无所作为。/ 谨守瑜伽，付诸行动！ / 放弃固执，对圆满 / 与落空一视同仁。"[*,20] 一种解读是，这段话认为终结性活动没有任何价值，不关心把事做完带来的成功，只关注过程而非计划。而我的建议虽重视非终结性活动，但不排斥结果的重要性，像比之下这段话态度更加强硬。

如果叔本华按这种方式阅读这一段，他的悲观态度就不大可能抢先一步了。叔本华的悲观主义与佛教的四谛有更多共同之处，即人生是苦，痛苦之源是依恋，灭除依恋是修行之目的，修行途径是八正道。他与前两谛很合拍，到第三谛发生了动摇，与第四谛的关系则有些紧张。但是，第四谛正是正念的来源：通过冥想当下将痛苦引向终结。正念这个想法与上文的我们发展

* 《薄伽梵歌》收录于印度史诗《摩诃婆罗多》。阿朱那（阿周那）是古代印度般度族五子之一，能力高强，心性善良。黑天（奎师那）是印度教神 之一，幻化为车夫解答阿朱那的困惑。"瑜伽"意为"合一"，可指"内在真我的统一"。

的想法有多相似呢？

答案是，很难一概而论。佛教经典中有大量内容值得学习，其中一些正适用于我们的困惑。但也有一些方面难以消化吸收，首先是对人类境况以及痛苦和依恋根源的诊断过度抽象，对此我无法接受。一旦看到我对第二谛的七字概括，这个对比就会显现出来。第二谛的“依恋”则是简便地代表了三样东西：欲望、厌恶和无知。* 你能看到欲望和厌恶中包含了多少依恋，不论是对我们所爱之人及他们的存活的依恋，还是对追逐的目标的依恋；你也能看到摆脱依恋将怎样帮助到你。那么第三项呢？佛教传统观点认为无知是关键：痛苦的根本原因是未能吸取革命性的形而上学观“无我”（*anattā*）。[21] 正是一种持续的错觉，以为自我有持存的本质，滋生了厌恶和欲望。在佛教中，禅定冥想（*samatha*）和内观冥想（*vipassana*）是仔细区别开来的，后者的要点在于：终结痛苦的关键是认识到，我不存在。[22]

冥想过程分为数个阶段。首先是平静地坐下来，开始将意念集中在呼吸上，吸气，呼气，用胸腔、喉咙或鼻腔镇定地去感知，宛如欣赏音乐一般。你的意识会从需要积极响应的状态中暂停并抽离出来，察觉到各种身体感觉，各种声音。你会察觉

---

* 佛教中称“三毒”，即“贪”“嗔”“痴”。

经过心中的念头和感受也逐渐暂停、抽离了，察觉到它们退潮、流逝，都清晰可辨。接着，在冥想的某个阶段，你将不仅能从理智上，还能从直觉上去把握无常、痛苦和无我：我不存在。[23] 这就是来自佛教的启蒙。

你不是唯一被这段叙述弄糊涂的人，大概会有些疑惑。比如，我怎么会得出自己不存在这样一个结论？如果我不存在，那这个结论又是谁得出的？我们的质疑倒是契合了 17 世纪法国的伟大哲人勒内·笛卡尔，他在一部堪称现代哲学奠基性著作之一的作品 * 中写道：我思，故我在（*cogito, ergo sum*）。笛卡尔论称，鉴于他能质疑自己的肉体和整个物质世界的存在，却无法质疑他自己的存在，那么他一定是个纯粹的非物质实体，是“机器中的幽灵”。[24] 但是无我观不仅嘲笑“非物质灵魂”这一笛卡尔式的学说，还在笛卡尔的格言中发现了一个更为根本性的错误：笛卡尔假设，体验、想法和感受等毕竟是些什么事物的特性。不，它们是一连串意识产生的事件和呈现，就像光在闪耀，声有迸发。在笛卡尔身后一个世纪，德国实验物理学家利希滕贝格（Georg Lichtenberg）就诟病说笛卡尔的论证太草率了：“我们应该说‘它思’，就像我们说‘它亮了’那样。说‘我思’已

* 即《第一哲学沉思集》。

经掺进了太多东西。”[25]这就是无我观的本质。精神现象不同于形状或大小这类具体物体固有的属性，而是独立存在的情节。

如果你还是不大理解这是什么意思，别担心。甚至无我观本身是否明白易懂，都是围绕它的主要争论之一。要正确理解“我不存在”这一观点必须通过艰深持久的冥想来实现，可不是没有理由的！我认为，无我观并不易懂。根源在于我们和笛卡尔都有的一个错觉：我的本质（我是什么）必须在意识中向我揭示，因此如果我不是笛卡尔认为的精神实体，我就什么都不是了。与之不同，我采纳一个十分无趣的观点，那就是你我都是人类，我们这种动物就是有这样的精神生活。我们就是这样的生物，这一情况我们无须期望通过自省才能认识。

同时，我试图理解无我观时，就能领悟到为什么佛教徒认为它能改变人的生活。如果我不是以自己曾经以为的任何方式存在，那么死亡的意义就完全变了。如此一来，我不会停止存在，因为我从未存在过，后者才是我要面对的事实。要接受这一点就等于不再执着于自我，提前悲伤，舍弃依恋。一个类似的改变或许还能解除自我痴迷——连自我都没了，还痴迷什么？于是这也令欲望的特性发生了转变。

这一切绝非次要。它是佛教哲学的核心，是佛教哲学回应人类苦难的关键部分。佛教也许可以没有奇迹，没有因果（*karma*），没有注定会随无我而来的来世观。但佛教一旦剥离了无我这种形而上学，就仿佛《哈姆雷特》没有了王子或中年没有了危机，总归是变了味道。

甚至佛学的大众改写本也致力于普及无我观。艾伦·沃茨（Alan Watts）在20世纪50年代将佛学带到了湾区，他就恰当地明确坚持了无我观："单是传统就让我确信，我不过是被空间中的皮囊及时间上的生死束缚住的这副肉体罢了。"[26]"从没有过这么一刻，你察觉不到体验、想法或感受，而自己却是体验者、思考者或感受者。如果是这样，又是什么让我们认为存在体验者、思考者、感受者呢？"[27]

后来的作者可能在这个问题上更为回避，但也未提出任何实质性的替代方案。《实用的佛教》（*Buddhism without Beliefs*）一书发出了世俗佛教的宣言，作者斯蒂芬·巴彻勒（Stephen Batchelor）舍弃了因果，并试图将无我观本土化："自我大概不是什么重要的东西，但也绝非虚无。它只是不可捉摸，难以寻觅。"[28]

> 对"自我"的否认仅仅挑战了独立于身体和心灵的静态自我的观念，并未撼动另一种平常的感觉：我自己是一个人，不同于他人的一个人。我们作为个体存在具有一些独特的潜

> 能，静态自我观念恰恰是我们实现这些潜能的主要障碍。我们的体验具有无常性、模糊性和偶然性，通过居于这些特性中心的视角，我们能消解虚构出来的静态自我，从而解脱出来，重塑自我。[29]

问题是，只要有“我自己是一个人，不同于他人的一个人”这种平常的感觉，就够产生依恋、自私和死亡恐惧了。无我观是革命性的，正在于它威胁到了这种平常的感觉，而非虚构出来的静态自我。

尽管我拒绝无我观，但我这里的意图不是反驳它，而是将佛学上的正念与我的正念区分开来。接下来的任务是，弄清楚当我们摒弃了形而上学的承诺，即无常观、我不存在，正念冥想还剩下些什么。

一个答案是：没有内观，只剩禅定（宁静）。我们能努力通过正念留意到自己正在做什么，从而打破习惯的镣铐，消除妨碍我们圆满生活的惯性。关注当下能令我们重焕活力，就像社会心理学家埃伦·兰格（Ellen Langer）开拓性的研究中那些年老的被试一样。[30] 我们可以冥想自己的呼吸，冥想环境音，冥想当下的感受，好减缓心率，降低血压，舒缓紧张焦虑的情绪。以乔恩·卡巴特–津恩（Jon Kabat-Zinn）为先驱的正念减压疗法已经成为临床心理治疗的流行工具。[31]

这些是正念冥想在治疗用途上取得的重大进展。他们没有把冥想当作通往形而上学内观的路径，或是适应无我观的手段，而是将冥想视为活力与镇静的泉源。冥想毫无疑问能够起到这样的效果。但正念练习还包含更多：还有等待我们采撷的洞见，尽管不是“我不存在”这种。冥想培养你的直觉，而不仅是帮你在智力上把握非终结性活动的价值和意义。

可能很尴尬，但请允许我承认我们有多接近埃克哈特·托勒（Eckhart Tolle）的智慧。托勒是著名主持人奥普拉·温弗里（Oprah Winfrey）的精神导师，他在 1997 年出版的重磅巨著《当下的力量》（*The Power of Now*）中这样说：

> 如果你正在做的事情中全然没有乐趣、舒适或光明，这并不必然意味着你得换一件事来做，可能换一个方式来做就够了。“怎样做”永远比“做什么”更重要。看看相对你想要达成的结果，你能否给予做事的过程更多关注。把你最充分的注意力集中到此刻呈现在你面前的事物上吧，这意味着你要完全接受现存的事实，因为你不可能对同一件事既全心全意地投入同时又加以拒斥。[32]

我赞同“怎样做”的说法：赞同关注做事过程的价值，而不仅仅是志在做完的结果。我也赞同投入非终结性的实践以及做事的过程，但不大同意最后一句话中用力过猛的暗示。托勒把活在当下包装成了包治百病的万灵药：“在当下，在时间缺席之时，你所有的问题都消失了……你无法既不开心又完全身在当下。”[33] 要真是这样就好了——要是“当下带给你什么并不重要，重要的是你要欣然接受”就好了。但这是一厢情愿的想法。

现在我们谈谈西西弗。他被诸神惩罚，必须将一块巨石推到山顶，然后眼睁睁地看着它又滚下山去，一遍又一遍，一遍又一遍，如此永恒往复。在《西西弗神话》中，加缪说：“[一个人] 应该想象西西弗是幸福的。”[34] 哲学家苏珊·沃尔夫（Susan Wolf）的写作主要围绕意义和道德展开，她不甚接受这一建议。她抱怨道，西西弗怎么可能快乐？除非出现错觉让他“觉得推石头这件事里仿佛有一些价值而实际上并没有”，或是因缺失“理智和……想象能力”而削弱了“他感知自己的劳作有多么乏味和徒劳的能力”。[35] 无论多么专注于当下，西西弗也无法掩盖这一事实：无意义、重复性的勤勉不是理想的状态。这可不是我们想给所爱之人或给自己的生活。如果你是被迫以这样的方式活着，你也只能享受它。但我们有其他更有意义、有价值的活动可选，这些价值或是缓和性的，或是存在主义的。哲学家可能会纠缠于一些理念问题，比如价值的客观性和我们对价值的知识，但这不是我们这里要处理的话题。我想表达的观点是，要获得人生意义，光是专注当下、专注你参与的非终结性活动，还远远不够。重要的是你正在做的事情是什么，而不只是你当下正在做它。

冥想你的呼吸、你的身体以及环境的声音，能训练你喜欢上简单的非终结性活动：呼吸，静坐，聆听。尽管这些活动还不足以让你过一个有意义的人生，但它们都蕴含价值。专注于这些东西的在场，本身不是目的，而是为了提升你身处此刻的能力，从而欣赏终结性活动（它们固然重要）的非终结性对应活动。为了做到这一点，你得克服终结性倾向的吸引，别让自己的注意力过多地被计划占据。你得掌握如何把精力集中在自己的想法和感受上，这要通过正念冥想慢慢培养。我并不知道这个方法是否有助于面对死亡，有助于放弃对自我的依恋，但你能获得洞见（内观），即使达不到无我观，也还能发现非终结性活动的价值。这种洞见将改变你的生活，填补追逐目标留下的空虚，逆转终结性思维带来的虚无和自我毁灭。带着正念生活，就是要感知到非终结性活动的价值，它不会因结局而枯竭，也不为未来而准备，它就在此地、在当下实现。它能消解你的中年危机，你的重复感、徒劳感、错位感和自我挫败感，只要你能活在当下的光芒中。

尾声

如果你我同病相怜，中年意味着你的记忆将再也不同以往，让我们来一个简短的回顾：5 个章节，11 个应对中年的策略。

在 U 型曲线的谷底，生活或许看上去是沉重、艰难而黯淡的。第 1 章提出了两条阻止中年危机发生的法则。第一，正如我们从利己主义悖论中学到的：你绝不能过于专注自我。执迷于追逐幸福将反过来干扰我们获得幸福。密尔写道：“只有那些人会幸福，他们的心思都在自身幸福以外的事情上，在他人的幸福、人类的进步上，甚至在一些艺术追求上。他们不以这些为手段，而将其本身当作理想的目的。于是当他们把眼光放在别的事物上时，也顺便找到了自身的幸福。”[1] 第二，你应当在自己的生命中为存在主义价值及缓和性价值留出空间。有的活动不是响应那些最好本不该存在的需求，而是正向地让生活更好，应该为这样的活动留出空间。这些活动范围很广，从与朋友们玩耍这样的琐事，到探究艺术与科学这样的重要活动。

即使诸事顺利，中年也包含了错失。你会发现一些永远不会去走的道路和永远没有机会体验的人生，并满怀愁绪地回望青春时代的自由。第 2 章给出了几句忠告。第一，当失落感在中年前后真实出现时，问问自己那些其他备选可能是什么。错失是价值多元性的产物：除非这个世界或你对这个世界的回应极度贫乏，你才能免于失落。第二，别高估拥有选择权的价值。选择权确实重要,但不足以抵偿单独考虑时你不喜欢的结果。别像保罗·奥罗克和地下室人那样，被选择的诱惑愚弄了。第三，你可以嫉妒更年轻的自己，但请从错失的痛苦中解脱出来，别忘了它的代价。不知道自己不会做什么，包含了同样不知道自己将要做什么，这样的身份认同丧失会令人晕头转向。

当你为自己做过或经历过的事感到后悔，或期望人生可以重来时，上面的建议就失灵了。但是我们从第 3 章了解到，毫无疑问，你有办法与自己、与过去的种种失败达成和解。首先，新生命就在眼前。要不是你犯了些错误，你爱的人可能都不会存在，你有理由为这些错误的发生感到高兴。第二，要考虑风险厌恶。当你想要重新来过，要记住事情的发展趋势繁多，变幻莫测，远非你已知的历史。冒险一试现实之外的选择是否值得？第三，人会依恋细节：你人生中那些重要事物复杂精巧的质地。当你得出抽象的结论，认为事情本可能更好时，也请一并考虑到细节的丰富性。

中年正是与过去算账的时候，同样也是直面未来有限性的时候。你已经“登临山顶，前方出现了延绵向前的下坡路——尽头虽远，却清晰可见”。[2] 第 4 章借助哲学工具探索了人生的有限性。首先是时间中性的态度：对于过去的所得和未来的所得应当一视同仁。如果你接受这一观点，死亡剥夺掉的东西就不比你未出生时没有赶上的东西更珍贵。其次，期望永生实际是在期望一种超出人类可能性范围的好处。这就像妄想获得飞行的能力一样：确实是值得羡慕的力量，但你不该为没有这种力量而难过。最后是你对自我的依恋：承认一种价值并让它存续下去的愿望。到了这里，我们已经在认识中年的路上走过一半行程了。当你把关心与依恋区分开，提前哀悼自己的有死性，放弃永生的需要后，还能同时保有追逐更好生活的欲望吗？

中年最捉摸不透的挑战并非应付过去或者未来，而是当下的空虚，它包括这样的感觉：满足被推迟或遗漏，孜孜不倦的努力是一种自我毁灭。我们的最后一章把这个疾病归因于追逐计划存在的结构性缺陷。计划是终结性的，它们的最终目标是完成了的状态。成功地处理它们意味着完成它们，也意味着把意义从你的生活中清除掉。第 5 章设计的解决方案是更多更充分地投入到非终结性活动中，非终结性活动没有终止或枯竭之时候，诸如散步、与朋友共度时光、欣赏艺术或大自然、养育子女及辛勤工作等。你日复一日的生活也许不会有变化，但这个方法足以调整你的生活态度和偏好，让你不仅珍视结果，也能看到养育孩子、维持友谊和完成工作过程中的价值。从外在看，事物看起来都一样，但它们在根本层面是不同的。如果你认识到过程的价值，你此刻就已经得到了你想要的；你投身其中也不会耗尽活动的价值。通过冥想练习我们学到了一件事，那就是如何投身当下：在等待你实现的目标散发出的闪耀魅力的包围下，发现并珍视非终结性活动的价值。这就是正念的作用。

作为一本自救性质的书，本书教给你的第一条法则是关注自身以外的事物，这可能有些反讽。务必读读这本书啊，但阅读它需要出于短暂人生中的兴趣，而不是改进自己的人生！根据利己主义悖论，这样的反讽会困扰自救的事业，它利用的动机恰恰阻碍了它的目标实现。警惕自我痴迷和自我利益很容易，二者都昭示了这整件事。有时，我对本书也有警惕。中年危机对我来说是一段艰难时刻，但对于一些人可能是一段奢侈的生活。如果是这样，大谈中年危机是件多么自我放纵的事呀！

但不用担心，我在书中处理的问题几乎适用于每个人，而非仅仅小部分幸运儿。我们所有人都面临着失去和局限，无法踏上的道路和错过的机会；我们犯错误，在不幸中幸存，眼看着努力白费；最后，我们死去。同时，在我们看来最有意义的活动既有终结性的也有非终结性的，不论我们是勉强糊口、承受重压，还是在麻省理工这样的学校教书。在每一个场景中，我们的思维方式都或多或少带有终结性和目标导向。你可以聚焦于一个接一个计划、一个接又一个任务，也可以不论这些计划是什么，都去看重追逐它们的过程。活在当下对于那些生活乏味或麻烦缠身的人们来说是必需品，但它同样也适用于其他所有人。

我们的探索始于密尔的激进梦想：他的社会改革计划、他的成功观及他的绝望。根除无用的痛苦是一个崇高的目标，但是它针对的是最好原本就不该存在的需求。它的价值是缓和性的，而非存在主义的。生活肯定还包括缓和性价值以外的东西，况且缓和性价值总归是终结性的。当密尔问自己，如果雄心实现会有何感想，他想到的是一个终极状态，一个永恒的乌托邦，而他在其中无事可做。密尔的人生目标就这样被擦除了。

在为公正和更好的世界努力奋斗时，我们同样需要当下的力量。关注终结性往往就是关注目标与我们之间的距离，关注目标的不确定性：消灭贫困、饥荒、战争，阻止全球变暖的最坏影响。艺术批评家约翰·伯格（John Berger）有一部难以归类的插图随笔集《本托的素描簿》（*Bento's Sketch-book*），在书中他这样评述阿兰达蒂·罗伊（Arundhati Roy）的社会活动：

> ［每一次］重要的政治抗议都是对缺位的正义的呼唤，也伴随着正义终将在未来树立的希望；然而这样的希望并非抗议的首要原因。一个人抗议，是因为不抗议太可耻，太可鄙，太致命了。一个人抗议（通过竖起街垒、举起武器、绝食、手挽手、呐喊、写作），是为了挽救当下一刻，而不论未来如何……抗议主要并非是为了未来——某种能取代当下、更公正的未来——而做出的牺牲；它是对当下的无谓救赎。问题是，如何一再无谓地生活。[3]

对这个问题，我们还没有完美答案：结果很重要。但是，从结果中提取出的行动也很重要。与一个更加公正的未来这一终结性活动的结局相应的，是抗议公正缺席这样非终结性的过程，这个过程就有意义。

如今我仍然在处理我的中年危机，尽管我认为自己已经看到了出路。我需要摆脱终结性的思维方式，培养更为非终结性的倾向。我要学着如何活在当下。这样的观点可以用于纯个人的目的，但正如它能够用来填补日常生活的空虚，它也能用来对抗乌托邦计划里的无谓带来的焦虑。它是能量、聚焦、完满的源泉，让我们能为值得奋斗之事而奋斗，让我们认识到并珍视我们当下正在奋斗这一事实。

补充阅读

中年危机小史

诗人、图书馆员菲利普 · 拉金写道："初次的性体验 / 还是在 1963 年 / （这对我来说有些太晚）。"[1]"中年危机"一词也可以追溯至同一时期。1965 年，精神分析学家埃利奥特 · 杰奎斯撰文提出了"死亡与中年危机"这个说法。[2]他在文中引用了一位 35 岁上下的病人的自述，来剖析中年危机：

"到如今，"他说，"曾经我的生活好比一段望不到头的上坡，目之所及除了地平线空空如也。现在，我突然发现自己已经登临山顶，前方出现了延绵向前的下坡路——尽头虽远，却清晰可见——那就是迫近的死亡。"[3]

读着这本书的你很有可能体会过这样的时刻，即便还没有，至少你懂得大概的滋味是如何。你的人生已经长到让你能向生活发问“就只有这些吗”，长到让你能有机会犯下一些严重的过错，也长到让你能够无比骄傲地历数当年之勇，同时不无遗憾地回望失败之苦。你顾盼错失的其他选项，那是你不曾选择也无法经历的生活。你放眼前路，直到今生的尽头，它并非迫在眉睫但也不算遥远。此时，你已深深领会了人生旅程的丈量单位意味着什么，而人生尽头的距离还有：40 年，还得仰赖你吉星高照。

你并非有此感受的第一人。同时代的例子有电影《美国丽人》（*American Beauty*）中的莱斯特 · 伯纳姆，这个绝望的中年男人辞掉了工作，买了部好车并与自己未成年女儿的火辣好友坠入爱河。[4] 还有些更早期的：1965 年，约翰 · 威廉斯（John Williams）发表了大名鼎鼎的《斯通纳》（*Stoner*）。42 岁时的主人公斯通纳身上也有中年危机的影子，他婚姻失败、事业停滞，“眼前看不到乐趣，过往也不值得铭记”。[5] 他像莱斯特一样卷入程式化的风流韵事，就不奇怪了。这让人想起阿尔贝 · 加缪 1942 年出版的《西西弗神话》中那位荒诞的主角，存在主义危机并非一直伴随着他，而是在“一个人发现或承认自己已届而立之年”时才降临：

> 他承认自己处于曲线的某个点上，并意识到自己必须走向终点。他隶属于时间，并由于为恐慌所俘获，他认清了自己最可怕的敌人。明天，他多么渴望明天！可是他身体的每一部分都拒绝这个想法。躯体的反叛就是荒诞。[6]

还有一例是赫伯特·乔治·威尔斯（H. G. Wells）的《波利先生的故事》（*The History of Mr. Polly*），该书颇具黑色幽默，主人公是位对生活倍感无聊的小店主，一次未遂的自杀尝试令他成了邻里传颂的英雄人物——因为他扑灭了自己放的火——而这场变故重新点燃了他的生命之火。[7]这本书出版于 1910 年。

看来早在中年危机于 1965 年得名之前，它的代表作就已为人所知，那么如果我们追本溯源，中年危机自身的历史有多长呢？我们会吃惊地发现，杰奎斯援引的例证大部分都不是来自他作为心理医生的临床经验，而是源自一些天才艺术家的生活往事。杰奎斯发现一些艺术巨匠多在 37 岁左右突然丢失灵感或者转换行当，这令他百思不得其解。37 岁时，焦阿基诺·罗西尼（Gioachino Rossini，1792—1868）已经完成了他最成功的歌剧，包括《塞维利亚的理发师》（*The Barber of Seville*）和《威廉·退尔》（*William Tell*）。尽管罗西尼又度过了 40 年岁月，但已鲜少再有创作。在同样的年纪，歌德（1749—1832）开始了为期两年的意大利之旅，那儿的文化遗产激发了他的灵感，一系列伟大作品喷薄而出，悲剧《浮士德》便是其中之一。甚至以勤奋著称的米开朗琪罗（1475—1564）也给自己放了个中年小长假，他在 40—45 岁期间几无作品问世，但紧随其后的是美第奇家族陵墓雕塑[*]和《最后的审判》（*The Last Judgment*）。

或许你会认为，如此横加推测几个世纪前的大师们的所思所想十分鲁莽，可我们的工作还没做完呢。以提出“童年是近代发明”著称的法国历史学家菲利普 · 阿利埃斯（Philippe Ariès）对这样的大胆推测一点都不陌生，他把个体的中年失败感受追溯到“中世纪后期富裕、权贵或知识阶层”的经验，这些阶层具有传统社会成员所没有的志向。[†,8] 看看 35 岁的但丁 ：“在人生中途，我发现了自己 / 黑暗的丛林里，再不见正确的路途。”[9]

中古史学者玛丽·多芙（Mary Dove）的《人生的黄金时期》（*The Perfect Age of Man's Life*）构建了一幅迥然不同的画面，书

---

* 米开朗琪罗为美第奇家族陵墓设计了两组雕塑，即著名的《昼》《夜》《晨》《暮》。

† 阿利埃斯认为中世纪不存在“童年”观念，这一观念是 17 世纪欧洲社会“发明”出来的。关于阿利埃斯的儿童史研究，参见《儿童的世纪》（*Centuries of Childhood: A Social History of Family Life*）一书。他在《西方对死亡的观念》（*Western Attitudes toward Death*）中认为，因受挫而产生并表现为情绪萎靡的失败感受以蔓延于工业社会有闲阶级的沮丧氛围为基础，失败在传统社会的语境下没有这样的意义。在传统社会，失败是死亡的代名词，但中世纪后期上层社会对失败的感知与今天已有相近之处。此处特别指出，以便读者参考。

中援引的中古英国文学作品《农夫皮尔斯》（*Piers Plowman*）和《高文爵士与绿衣骑士》（*Sir Gawain and the Green Knight*），都支持亚里士多德的理论：中年是一生的黄金时期，身体机能将在30—35岁发展至巅峰，心智则在49岁达到全盛。[10]也有人怀疑阿利埃斯走得还不够远。心理治疗师简·波尔登（Jane Polden）更进一步，在2002年出版了一本描写中年危机的书叫《重生》（*Regeneration*），以荷马史诗《奥德赛》（*Odyssey*）中奥德修斯（Odysseus）的故事为范本。[11]奥德修斯也有中年危机？！出轨、酗酒、丧母，最后是需要一场严肃的家庭咨询……公平地讲，这是波尔登设置的一个隐喻。关于中年危机，我能找到的最早文字记录出现于古埃及第十二王朝（约公元前2000年），可谓真正的中年危机鼻祖了：那是一个厌世者与自己灵魂的对话——尽管据我所知，他所厌倦的是身边充斥的不公，而非自己的日子过得不如意。[12]

与其说这段史前史寓意着中年危机不受时间局限，不如说它是在揭示中年危机对我们想象力的支配力量：把我们对中年危机的想象投射到与我们自身现实完全不同的生活中简直易如反掌。在本章，我并不打算从人类文明曙光初现之时开讲中年危机的历史——那太虚无缥缈了，我选择从有章可循之处起步，即从1965年"中年危机"一词诞生至今。尽管它已经家喻户晓，仍然有人批评它只是个虚构，实际上根本没有这样的东西。

起起落落

中年危机有一些值得关注的先例，如精神分析学家埃德蒙·贝格勒（Edmund Bergler）所做的关于婚外情的研究，他于 1954 年出版了《中年男性的反叛》（*The Revolt of the Middle-Aged Man*）[13]。尽管如此，中年危机的概念在 1965 年方才诞生。在最初的几年里它被寄予厚望，也实现了长足发展。

1966 年，耶鲁大学心理学教授丹尼尔·莱文森（Daniel Levinson）跟踪访谈了 40 名 35—45 岁的男性，以期了解受访者是否有着与他相同的中年困惑。他的成果——1978 年出版的《男人的四季》（*The Seasons of a Man's Life*）——构想了成年男性的不同发展阶段，并呈现为图谱。[14] 同年，加州大学洛杉矶分校的精神分析学家罗杰·古尔德（Roger Gould）出版了《变迁：成年生活的成长与改变》（*Transformation: Growth and Change in Adult Life*）。[15] 古尔德的灵感同样源于自身经历，他和妻子与抑郁症不期而遇，原因竟是他们终于实现了一直以来的梦想：在洛杉矶买下属于自己的住房。为什么这令他们如此不开心呢？面对个人的情绪失调，古尔德给出了身为社科学家的反应：他开启了一项研究，邀请524位志愿者进行自我评估，志愿者中男性和女性兼而有之，年龄在6—50岁之间。像莱文森一样，古尔德希望弄清楚人类发展成长有哪些普遍阶段——其中之一正是典型的中年动荡期。

中年危机的时代真正来临则是在1976年，它迎来了文化上的成人礼。两年前，新闻记者盖尔·希伊（Gail Sheehy）为写一篇拟在《纽约》杂志（*New York* magazine）发表的稿件，访谈莱文森与古尔德两位。之后，希伊马不停蹄——他们忙着处理数据，她则忙着写作：部分地基于自己对二十几岁、三十几岁、四十几岁成年人的访谈资料，她完成了《进程：可预测的成年生活危机》（*Passages: Predictable Crises of Adult Life*）。[16] 该书一举成为了大热门，迄今已译为28种语言，售出超过500万册。在美国国会图书馆1991年度读者调查中，该书被提名为“十大最具影响力图书”之一。

希伊说，自己的工作主要受到了德裔精神分析学家埃里克·埃里克森（Erik Erikson）* 的影响。后者于1950年出版了《童年与社会》（*Childhood and Society*），该书是分析人类生活的最

---

* 埃里克·埃里克森的父母均为丹麦人，他1902年出生于威廉二世治下的德意志帝国，后由于希特勒上台及“二战”爆发，他辗转前往美国，并于1939年加入美籍。

早尝试之一，认为从出生到老年是一系列既有别又连贯的生命阶段。[17] 埃里克森定义了生命的 8 个阶段，按每个阶段面临的不同难题划分：婴儿期的信任或不信任，成年早期的亲密或孤独，以及成人期的第二阶段，35 岁到 64 岁的生育（generativity，在埃里克森的术语中指对后代的投入）或人格停滞（stagnation）。* 莱文森和古尔德对希伊的影响更具争议性。1975 年，古尔德与希伊对簿公堂，他认为希伊剽窃了自己的成果，并诉请法官判令希伊停止出版《进程》一书。这场官司以和解告终，古尔德得到 1 万美元和该书 10% 的版税。从该书未来的销量看，这笔交易可真划得来。但是希伊的书之所以有如此巨大的影响力，可不仅仅是因为出版在先。她在遣词造句上很有一套——“不断尝试的 20 岁”（the trying twenties）“迎头赶上的 30 岁”（Catch-30）“至关重要的十年（the Deadline Decade）——她也善于化繁为简，让《进程》读起来就像是美国人自我认知的缩影。

在这个缩影中，中年危机赫然出现。希伊说，随着人到中年，我们会愈发感觉时间如同东逝水。对于女性，三四十岁是人生的十字路口。1974 年，大多数女性没有受过高等教育；她们

---

* 埃里克森认为在这一阶段，关心后代的养育将培养完善的人格，没有后代则只会专注于自己，产生自利和停滞人格。

的孩子一天天长大，离开家庭，她们就得考虑没有孩子在身边的新生活怎么过，并付诸实践。而对于男性，迈入不惑之年意味着向不切实际的梦想说再见，把年轻时代躁动的心安放下来。不论可靠性如何，这样的叙事开始大行其道。即使在之后的日子里，受教育机会、就业机会和家庭关系更加平等，也未能改写希伊在 1976 年揭示或者发明的模式，这些变化不过是为女性在曾专属于男性的模式中开辟了空间：停滞的事业、逝去的青春和索然无味的婚姻生活。

但中年危机的波及面有多广泛，对这个问题希伊避而不谈，尽管她的书明白晓畅，而且她显然期望读者将自己代入她的采访对象。其他作者就没有在这个问题上过分保守。芭芭拉·弗里德（Barbara Fried）在 1967 年出版了《中年危机》（*The Middle-Age Crisis*），该书的价值被忽视了，事实上它堪称描写中年神话的经典。心理学家莫里斯·斯坦因（Morris Stein）为该书作序，写道“（中年）危机无处不在”：

> 我们每个人都会以自己的方式渡过中年危机，只是我们所经历的危机在程度上轻重有别。为了摆脱它的困扰，我们也要或多或少地向未来岁月妥协。中年危机是“自然”形成发展的，而且不可避免。[18]

恐慌四散蔓延，似乎这幅图景就是人类在社会学和生物学属性上难以摆脱的命运。我们命中注定遭遇中年危机，男女一律平等，问题不是它会不会到来，而是什么时候到来。我们最好做足准备。

到 1980 年，中年危机的概念声誉日隆，并在流行文化中占据了稳固而显赫的地位。它已无人不知、无人不晓，你无需为介绍它浪费口舌，它已成为谈吐风趣、深谙世故者绕不开的话题。就算你自己还没到时候，你也能在数不清的小说里——从约瑟夫·赫勒（Joseph Heller）的《出了毛病》（*Something Happened*）到多丽丝·莱辛（Doris Lessing）的《天黑前的夏天》（*The Summer before the Dark*）——找到中年危机的身影。[19] 你甚至还有主题桌游可以玩，一款名为《中年危机》（*Mid-Life Crisis*）的桌游在 1982 年上市，玩家能选择以安稳生活、积蓄财富和压力管理为目标，也可以干脆认命，横冲直撞地踏上破产、离婚和精神崩溃的不归路。

感知中年危机的途径比比皆是，那么现实如何呢？真相是，很难知道。毋庸置疑，我们可以借莱文森、古尔德和希伊的成果管窥中年危机，但系统化的数据太少。只要你乐意，找到相关轶事传闻总是易如反掌。人们现在倾向于使用社交热词来表达自我，我对这一倾向表示理解，但它令关于中年危机的传闻基本上不具科学性,而且肯定会被歪曲。中年危机这一概念成了唾手可得的社交工具，它能用来自我表达，并赢得他人的同情理解，还能成为一些出格行为极富吸引力的托辞：你还想怎样？我都陷入中年危机了!

对现状影响最深远的挑战发生在1989年，在社会心理学家奥维尔·吉尔伯特·布里姆（Orville Gilbert Brim）的主持下，麦克阿瑟基金会支持的“关于成功中年发展的研究网”正式成立。研究网汇聚了13位专家，形成了一个团队，他们来自多个领域：心理学、社会学、人类学及医学。团队的主要工作是：开展一项工作量巨大的研究，名为“MIDUS”，即“美国中年发展研究”（Midlife in the United States），研究主要在1995年进行。MIDUS包含一项面向超过7000名受访者的调查,这些受访者的年龄在25—75岁之间，每人须接受45分钟长的电话访谈和长达2小时的问卷调查。为准确分析数据,研究引入的统计项目超过1100项，是非常大的数字。据一次成果披露，尽管有些可预见的老生常谈，诸如“人的身体状况在中年阶段会变得更差”，MIDUS调查竟彻底革新了社会科学对中年危机的正统观念——谁能料到这个结果？在新世纪来到之际，也正巧在中年危机概念迎来35岁时，它自身也面临了一场中年危机。

MIDUS都说了些什么？ 2004年,布里姆与两名同事——心

理学家卡罗尔 · 里夫（Carol Ryff）和哈佛医学院卫生政策教授罗纳德·凯斯勒（Ronald Kessler）编制了一本论文集，名为《我们健康状况如何？》(*How Healthy Are We*？)。它细致地总结了 MIDUS 的研究结论，并且给出了光明的前景。“总体而言，”他们在其中写道，“研究揭示了具有正面形象的年龄增长：与青年人和中年人相比，老年人显示出更高水平的积极情绪和更低水平的负面情绪。”[20] 更好的消息是：“年龄与重度抑郁症发病率呈负相关，老年人受此困扰的可能较低。”[21] 当你从青年步入中年直至老年，你的生活将趋于稳定，甚至还能成长进步。当这一结论在 1999 年首次进入公众视野，《华盛顿邮报》刊发了题为“没有危机的中年”的特别报道，《纽约时报》则以“新研究发现中年是一生的黄金时期”为题做了头版报道。

康奈尔大学社会学家伊莱恩 · 韦辛顿（Elaine Wethington）面向 724 名 MIDUS 受访者开展了一项后续研究，她特别关注受访者的心理转折点。研究显示，只有 26% 的 40 岁以上人群认为自己遭遇了中年危机，该比例在男性和女性人群中基本一致。[22] 可见中年危机并非普遍现象，甚至 26% 这个数字都被发现有夸大成分。后续分析显示，受访者对中年危机定义宽泛，他们把中年阶段遇到的一切困境都当作了“中年危机”。换句话说，中年危机与人到中年的各种不顺遂——教养孩子、侍奉双亲、工作不顺、身体抱恙等等——画上了等号。如果你把这些都称作中年危机,那么中年危机是在困扰大约1/4的美国人。但这些与意识到有死性和人生有限性无关，也无关乎因时光已逝而来的悔恨、错失的机会或失落的雄心，更别说不断增长的年龄了。

其他研究似乎印证了MIDUS的结论。2001年，布兰迪斯大学心理学教授玛吉·拉赫曼（Margie Lachman）编辑了一部厚重到足以用作门挡的大部头,《中年发展手册》（*Handbook of Midlife Development*）。其收录的一篇文章称："调查又一次发现，与年轻人相比，中年人更少罹患心理疾病……婚姻满意度、生活质量和掌控力都更高……而且总体上健康状况也更好。"[23]另一篇文章则说："中年危机的神话堪称毕生发展心理学最令人不解的谜题之一。"[24]一个新共识正在达成，中年不是一段充斥着不确定性或开始走下坡路的时光，相反，它是一幅关于能力增进与人格成长的新图景。苏珊·克劳斯·惠特伯恩（Susan Krause Whitbourne）是20世纪70年代中年危机旧观念的尖锐批评者,部分基于一项对纽约北部地区罗彻斯特大学350名学生的纵向研究，她在2010年出版了《追求圆满》（*The Search for Fulfillment*）一书，其中设置了一整章内容来讨论"中年危机的神话"。[25]

某种程度上，谈中年危机色变可能是一种过度反应。也许这个词听起来完全是负面的：危机，犹如灾祸。而声称中年危机具有普遍性，像莫里斯·斯坦因所讲的“危机无处不在”那样，却并未得到证实或经验的支持。20世纪90年代末的一些发现也有力地驳斥了中年危机殃及甚广的论调。但即使是最致力于描写中年危机困扰的人也不未想过，把中年危机当作彻头彻尾的坏事。从一开始，杰奎斯就将其与生活转型和灵感重现联系了起来。他的论文矫正了乔治·米勒·比尔德《美国的焦虑》(George Miller Beard, *American Nervousness*, 1881) 一书的观点，该书认为“神经衰弱”是高知阶层的慢性病，并发现人的艺术创作能力会从39岁起急速下降。[26] 与杰奎斯一样，希伊也从中年里看到了产生积极变化的可能性。两位研究者都没有以纯粹的生物学现象框定中年危机，没有认为它与外在环境变化无关，而仅由年龄变化引发。他们也不认为中年危机普遍存在，或是把中年危机的普遍性作为它真实存在的前提。实话说，某个危机只要影响40—60岁人群中的10%，就足该重视了。

然而毫无疑问，中年危机的社会科学价值衰退了。学者们现在把它当作都市传说、通俗故事，而非心理学事实。如果它想在以后的岁月里卷土重来，那就必须自我重构，抛弃心理学界的伙伴，改换门庭。实际上这已经发生了，为了一个全新的开始，中年危机与新兴的福祉经济学相遇。

不惑之年的新生

发展经济学的关注点如何从单纯的国内生产总值（GDP）或国民生产总值（GNP），转变为受各国政府、联合国和世界银行青睐的一系列广泛指标，关于这方面，有一段十分有趣的历史。可惜这里不是讲历史故事的地方。不过从我们的角度看，其重要成就之一是哈佛大学经济学家、哲学家阿马蒂亚·森（Amartya Sen）在 20 世纪 80 年代所做的工作，他的贡献促成了联合国开发计划署（UNDP）采纳了人类发展指数（Human Development Index）。森呼吁建立一种不以商品（commodity）而以能力（capability）为尺度的发展水平指标。首次发布于 1990 年的人类发展指数是围绕该目标的初步尝试，它综合考虑 GDP、预期寿命和教育水平，并按国家或地区计算出一个单一值。在接下来的 20 年里，福祉经济学领域的成果呈井喷式增长，学者们在社会学与人口统计学语境下开展了大量关于短期幸福和总体生活满意度的研究。经济学不再仅仅是关于财富的学问了。

有一项研究深刻改变了中年危机的命运，甚至也许改变了中年危机的意义。2008 年，达特茅斯学院的戴维·布兰奇弗洛（David Blanchflower）和华威大学的安德鲁·奥斯瓦尔德（Andrew Oswald）两位经济学家发表了一篇文章，名为《全生命周期的幸福感呈现U型吗》(“Is Well-Being U-Shaped over the Life Cycle?”)。[27]他们面向各年龄段的成年人群开展调查:“各方面综合考虑,您对近期生活的满意度如何?”在校正了收入、婚姻和就业情况后,布兰奇弗洛和奥斯瓦尔德发现随着年龄增长,成年人的幸福曲线形状像微曲的字母U:曲线高开于成年早期,平均在46岁降至最低点,随后在老年回升得更高。类似结果出现在全球72个国家,男性和女性的曲线形状相似。有一种解释称是养育子女的压力导致曲线呈U型,但回归分析排除了这种可能。U型曲线无处不在,稳固牢靠,而且有心理学可信度。中年危机这个概念在自己43岁这一年终于重获新生。

这一结论也并非无懈可击。特别是,横向研究所得的简单印象难以有效驳斥一种“队列解释”(cohort explanation),即U型曲线的形成并非因为年龄及其相关因素,而是由于同期出生的人群具有相似的人生轨迹。例如,你会发现20世纪60年代人群的中年危机不能以他们的年龄本身解释,但若你意识到这代人同是在你未曾经历的反主流文化(counter-cultural)飓风*中成

* 20世纪60年代,随着“二战”后“黄金时代”的结束,英美等西方国家的青年一代开始表达对社会的不满,进而形成反主流文化反建制的社会运动,主要诉求包括言论自由、反战、控核、女权、环保、性少数权等,嬉皮士、性解放、甲壳虫乐队是那个时代的热词。

长起来的，这一切就说得通。现阶段，危机则折射为日趋激化的不平等、经济衰退和就业市场萎靡，可见社会因素影响重大。不过，布兰奇弗洛和奥斯瓦尔德也为此修正了他们的研究，通过对同一样本逐年的持续追踪，U 型曲线的正确性也为纵向研究证实。[28] 我们出生的时代或社会状态对 U 型曲线的形状不会造成影响，真正发挥作用的是随着年龄增长我们遇到的事情。

最离奇的证据或许出自 2012 年一项针对类人猿的研究。[29] 观察对象是两组黑猩猩和一组红毛猩猩，各组都包含不同的年龄段。研究人员请饲养员、志愿者和看护人评估它们的心情、社会满意度和目标完成情况。接下来是一个喜感的转折："第 4 项要求评分者假想，如果他们自己做一周被观察对象，将如何评估自身的幸福度。"（可以预料，一觉醒来发现自己有一副猩猩的皮囊应该很痛苦吧！）尽管回答这样的问题很难，但评估者们给出了高度一致的答案，这表明实验数据绝非主观臆测。在校正了性别和样本因素后，灵长动物学家发现类人猿的幸福曲线同样呈现微曲的 U 型。

这项研究的论文发表在《美国国家科学院院刊》（*Proceedings of the National Academy of Sciences*）上，可能这篇论文最惊人的是它的标题：《类人猿的中年危机与人类 U 型幸福曲线的一致性证据》（"Evidence for a Midlife Crisis in Great Apes

Consistent with the U-shape in Human Well-Being"）。无怪乎从《国家地理》到 BBC 及几乎所有主要报刊，都开始回应以夸张的修辞："猩猩也有中年危机。"基于这一新解读，中年危机不过是人到中年时一段可预测的满意度低谷期，而不是原先像神话般突然降临的焦虑。

在先前章节中，我们也是这样描画中年危机的。它是一个与中年同步到来，幸福感相对较低的阶段。同时，U 型曲线与一些更为极端的状况不无联系。如果平均生活满意度在 46 岁时达到最低点（当然具体到个人会在标准值上下波动，一部分人高于平均值，一部分人则较低），我们就能推测情绪失调的可能性将在那个年龄左右到达顶峰，这就是布兰奇弗洛和奥斯瓦尔德的所见。一项英国劳动力调查显示，抑郁及焦虑状态高发于 45 岁左右的人群，该年龄的发病率约是青少年的 4 倍、老年人的 3 倍。崩溃的危险性在中年明显更高，尽管大部分人能够成功渡过。

解释 U 型曲线的尝试尽管是初步的，但它唤回了中年危机的传统观念。德国经济学家汉内斯·施万特（Hannes Schwandt）的工作最是耐人寻味，他在 1991—2004 年间跟踪研究了 23000 名 17—85 岁的受访者。在研究中，受访者被问及他们当前的总体生活满意度，以及他们对未来 5 年生活满意度的预期水平。施万特发现，年轻人往往高估未来生活的满意度，而中年人则倾向于低估老年的生活质量。因此,人们会发现中年生活难以达到预期,并对老年生活产生更加悲观的估计,U 型曲线凄凉的谷底就是这样形成的。施万特建立了一个量化生活满意度的数学模型,按照这个模型,当前生活满意度的公式要综合考虑当前生活状况、对未来转好的预期和对现状的不满程度等因素。“作为一个整体,”施万特写道,“这些发现表明,导致工作(及生活总体)满意度 U 型曲线的,是人到中年方才痛苦地意识到自己的期望无法达成;但进入老年,同一个人会明智地抛开过高预期,更少感到悔恨。”[30] 因此,幸福的关键是管理好自己的预期。(借此机会友情提示:您正在阅读一本水准平平的书。)

施万特的解释与杰奎斯、希伊、莱文森和古尔德相契合,它回归了 MIDUS 之前的范式,并制造了一片令人满意的中间地带。但它仍然难以令每个人都满意。这传说中的 U 型曲线是否存在?它到底有何意义?旷日持久的争论还在继续。惠特伯恩宣称中年危机根本就是个神话,她调查了 500 名成年人,结果未能成功复制幸福曲线的波谷形状。[31] 惠特伯恩进一步增加了两次测试,一次请受访者评估自己的当前生活有多少意义,另一次评估他们追寻生活意义的热切程度。测试显示,三十几岁的人群追寻人生意义的热切程度,在四十几岁、五十几岁、六十几岁的人群那里直线下降,但随着年龄增长,他们却发现自己的人生越发具有意义。惠特伯恩坚称，就发现人生的意义而言，年龄的增长完全是积极的。

如今中年危机也来到了自己的50岁，它再度焕发活力，但前途依旧混沌不明。好像刚满40岁的我，那时我已拥有终身教授的教职，结了婚，有了孩子，出了两本书，发表了20多篇文章。我热爱哲学科研工作，但已无10年前的那种热情之火。成就的新鲜感已不复存在：第一次发表作品、第一次登台讲座、第一天授课……我终将完成写作中的论文，它迟早会发表，接着我会写另一篇。我将指导这些学生，他们将学成毕业，走向人生新阶段，而我将教更多的学生。未来就像一条玻璃隧道，其他的人生只在隧道外变幻流淌。我的儿子会长大，妻子和我则会变老。我的身体开始嘎吱作响，松垮萎靡；背痛本是偶尔造访，现在却如影随形，为此我得借助站立办公桌工作。我的父母更甚，他们的健康每况愈下。我真切地感到生命的有限性：过一年少一年，时间一去不返。

情况还可能更糟。我可能会厌恶自己的工作，或干脆被炒鱿鱼，抑或兼而有之。我妻子可能离我而去，或者我想离她而去。我或许要面对没有子女的空虚生活，也有另一种可能——儿孙成群令我不胜其扰。我还可能遭受贫困、饥荒或战乱之苦。相比之下，我有些愧疚地发觉中年危机在此刻都是奢侈品。为什么我不能对自己拥有的一切多一点感恩？但这就是我的现实。我正处于 U 型曲线的深处，需要帮助。也许，你也是。

本书将努力提供一些帮助。我试图在这本书里帮助自己渡过中年危机，同时期望它也能帮到你，在这个意义上它是一本自救书籍。它从内在的视角观察中年危机。本着“言吾所知”（write what you know）的态度，本书的探索将沿哲学路径进行。中年危机会如杰奎斯所想，迎来焕发创造力的第二春吗？还是它虽然已经为“悲剧性与哲学性内容的诞生”做好准备，最终却屈服于垂垂老矣的沉寂？[32]

悲剧与哲学

正如这段简史所反映的，中年研究一直都是个跨学科课题。它把医生、社科学者、心理学家、新闻工作者和其他领域的人士聚拢在一起，而哲学家目前很明显地缺席了。要知道，西方哲学早在 2500 年前于雅典初现曙光之时，哲人们就已开始努力思考幸福人生的奥秘。柏拉图的《理想国》以对话体讨论了正义在至善生活中的角色。亚里士多德的《尼各马可伦理学》以其子尼各马可命名，在书中，亚里士多德宣称幸福人生是一种合乎理性的美德活动。他用“*eudaimonia*”一词来描述幸福或人类繁荣，一些心理学家借用了这个词，将自我实现或“幸福生活”（eudaimonic well-being），与“物质享受”（hedonic well-being）或愉悦体验区别开来。[33]但他们的文章里出现的只是糟糕的滑稽模仿，亚里士多德的学说未获讨论。

我不是有意发牢骚。哲学家的研究很少涉及中年危机，至少很少涉及“中年危机”这个字眼，尽管他们一定常常经历中年危机。他们已经步入U型谷底，但大多数都没有围绕中年危机展开哲学思考。〔克里斯托弗·汉密尔顿（Christopher Hamilton）是一个可敬的例外，他引人入胜的准回忆录《中年》（*Middle Age*）是本书的灵感源泉之一。〕

如果我们遇到的中年危机问题是存在主义式的，是人生中的价值和意义问题，为什么哲学家忽视了它们？我认为这不是偶然。除去西方哲学的很多流派对年龄增长和身体衰退等残酷事实的厌恶，理解中年这一问题本身也更吸引其他领域的研究者。尽管在社会科学领域里有一些工作可以做，比如研究MIDUS及类似调研采用的方法论及基础概念，但是在实证研究中，哲学家毕竟没有专长。中年危机有历史的面向，也有社会学和人口学面向，会随种族、性别和经济地位等差异而有所不同；但哲学家更关注那些感觉上是永恒和普遍的问题。柏拉图和亚里士多德问:“对一个人而言，最幸福的人生是怎样的？”*康德或许是启蒙时代最伟大的哲学家，他在《纯粹理性批判》中强调，“……理性的全部兴趣，不论思辨的或是实践的”，均可归纳为3个问题:“我能知道什么？”“我应该做什么？”及“我能期望什么？”[34]在这里体现出问题普遍性的是，它们是每个人的问题，尽管奇怪地采用了第一人称。

但是排除表象，这些问题并不具有永恒性。我不是指它们在不同的历史时期得到的是不同的理解,这很可能是真的。我的意思是，这些问题本身采取了特定的时间视角。当康德问“我应该做什么”，他的方向是展望的、前瞻的，手段则是实用主义的。当亚里士多德问“什么是人类繁荣”，他想象着以旁观者的外部视角去回顾某个完整的人生。当他问什么是最幸福的人生，他是将人生看作一个整体。因此他征引了雅典著名政治家梭伦的名言，“人未盖棺，勿谓有福”(call no man happy until he is dead)，而且还担心这句话没讲透彻。[35]甚至一个人死了，他的身后事还能影响到他生前是否过上了理想的生活。一个人死后留下了一副烂摊子，我们可能就会这样说他 :“可怜的家伙，看

* “What is the best life for a human being?”请注意这里可能蕴含了这样一个判断 : 存在一种普遍的、通用的“最幸福的人生”，适用于任何一个人。

看他过成什么样了。”*

不论是关于应该做什么的前瞻性问题，还是从外部对幸福人生的回顾性探讨，都没有抓住中年的困境。两者在实质上也没有置身于人生内部，去处理你必须面对的有意义的过去和未来。在中年，回顾有局限性。你的确能看到一大部分实质内容，但并不是全部。我们的问题不只是（接下来）做什么，还包括你已经做了什么，没有做什么，会怎样感受自己、看待自己。中年有自己的时间局限性，我们思考过去和未来时有着不同的方向，我们与没能实现的可能或不同于既成事实的假设情况（反事实情况）之间也存在着联系，生命及构成生命的各种计划也都有其广度，而从所有这些一切中，会生发出一些特别的问题。如果我们仅仅问应该做什么，是什么构成了理想生活，这些问题将被掩盖掉。而这些问题正是我设法解决的。

解决方式是一种认知疗法。尽管哲学对中年欠缺关注，确实有一些哲学洞见能帮我们照亮幽暗的谷底，把我们从价值病症里解放出来，在病症尚能避免时提点我们，而在病症无法避免时帮我们缓解。关于中年危机，哲学家有一些东西可以传授，

---

* 这里也是从外部视角来判断一个人是否过得幸福，于是人生是否幸福，变成了某种外人赋予的评价，而非亲历者的一手体验。

同时也需要学习。我对这些理念的追寻主要是个人化和内省式的，采用的方法不是系统化的社会科学方法，而是关注人生体验。有些问题恰恰体现着中年危机的症状，提起我兴趣的就是这些问题，比如，我们应当如何看待失去的机会、悔恨与挫败、生命的有限性以及驱赶我们冲向人生终点的忙碌生活。

尽管分布不广，但中年危机让我们注意到了人类生活的时间局限性，这一特性无处不在：可能性不断丧失，计划或完成或搞砸，履历也在持续积累。这一点稍稍缓和了“思考中年危机”这个行为本身流露的自我陶醉气息：它毕竟看起来像是已有足够财富和地位的人才会反复思考的问题。按照希伊的说法，“中年危机是件烧钱的事”。[36] 她有一定道理。U 型曲线在发展中国家就不像在北美和欧洲那样明显。[37] 尽管本书有时候会让你找到“# 第一世界问题”这样的标签，* 但其中的话题还是很有普遍性的。我们是在与未知、与反事实情况、与未来及与过去的关系中，追踪问题的源头。

这可能令读者有些失望。由于我的兴趣点在于知识、价值和时间等抽象问题，我没有讲太多关于买好车或是出轨的事。也

* “#”是 twitter 等新媒体常用的话题标签记号。这里是作者在打趣说中年危机高发于发达国家。

不是一点都没有，你在第 5 章读到了一些，但并不多。如果这很煞风景，我表示抱歉。我也没有阐释中年危机的社会建构，以及它与种族、性别和政治环境的关系。哲学家也许对这些问题有一定贡献，但它们不是我最关心的。毫无疑问，人们的中年经历、U 型曲线的深度和形状存在代际差异和地理差异，但令我们烦恼的挑战很大程度上独立于这些因素。我们的问题都要归因于人类生活的基本条件范围。

那么，我们应该期待什么？既然哲学方法是反思和说理，当然离不开分析和论证。我不可能照搬哲学实验室里的结果，还指望你不假思索地照单全收，也没有这样的结果。反之，我像初学算术的小学生一样，全面展示了自己的思维过程。有时我们一直沿着一条线索思考下去，不料竟发现了它的局限性，这时我们就努力做得更好。哲学要树立威信的话，必然是通过诚恳的说服。就像接受心理治疗时，你只可能接受自己确信的内容。有所不同的是，本书中的治疗师是个哲学学者，他的病人则是个假想的中年危机受害者。为了建构、描绘出这样一个受害者，我结合了自己的经历，以及从弗吉尼亚 · 伍尔夫到西蒙娜 · 德 · 波伏娃的各种实例。

致谢

以下人士在本书写作过程中给予了我莫大支持和鼓励，并提供了颇具启示性的意见和建议，特此致谢：阿尔登·阿里、戴维·詹姆斯·巴尼特、迪伦·比安奇、亚历山大·比永、艾琳娜·博韦、马特·博伊尔、本·布拉德利、杰尼·布林克玛、萨拉·巴斯、艾利克斯·伯恩、雷切尔·科恩、厄尔·科尼、洛伦扎·丹吉洛、杰森·德科鲁兹、史蒂夫·达沃尔、布伦丹·德·凯奈谢伊、西恩·多尔、凯文·多斯特、吉米·多伊尔、尼科尔·杜拉尔、史蒂夫·恩斯特伦、杰斯·伊诺克、凯瑟琳·盖斯马尔、琳达尔·格兰特、唐纳德·格雷、西蒙尼·古巴、苏珊·古巴、约书亚·汉考克斯、卡斯珀·黑尔、詹姆斯·哈罗德、萨利·哈斯兰格、泽纳·希茨、哈罗德·霍兹、布拉德·因伍德、艾比 · 雅克、安雅 · 尧厄尼希、马蒂亚斯 · 珍妮、谢利 · 卡根、约翰 · 凯勒、西蒙 · 凯勒、迈克尔 · 凯斯勒、吉姆 · 克拉格、希拉里 · 科恩布利思、克里斯 · 麦克丹尼尔、山姆 · 米切尔、迪克 · 摩根、丹 · 摩根、杰西卡 · 莫斯、丹尼尔 · 穆尼奥斯、叶夫根尼亚 · 美罗纳季、理查德 · 尼尔、菲利普 · 奈尔、希勒 · 帕库奈宁、安娜丽莎 · 帕塞、亚帕 · 帕利克塔西耶、史蒂夫 · 帕特森、菲利普 · 里德、卡尔 · 沙菲尔、塔玛尔 · 夏皮罗、山姆 · 舍弗勒、桑奈尔 · 塞蒂亚、迈克尔 · 史密斯、杰克 · 斯宾塞、艾米娅 · 斯里尼瓦桑、杰森 · 史丹利、丹尼尔 · 斯塔尔、罗伯特 · 斯蒂尔、盖伦 · 斯特劳森、朱迪 · 汤普森、凯迪亚 · 瓦沃瓦、本杰明 · 瓦尔德、汤姆 · 瓦滕贝格、奎恩 · 怀特，以及利奥 · 柴波特；也衷心感谢多伦多大学、约翰 · 霍普金斯大学、联合学院、田纳西大学、克莱顿俱乐部、耶鲁大学、霍利约克山、杜兰大学、匹兹堡大学，当然还有麻省理工学院的听众们。同时，我对未提及的贡献者表示歉意。

我想在此特别感谢我的编辑罗伯 · 坦皮奥，他的工作热情和敏锐洞察对本书的出版至关重要。布拉德·斯科几乎审读了本书的每一章节。他卓有见识的反馈为我完成本书提供了激励和指导。安德鲁 · 米勒是本书完整初稿的首位读者，我对感激他的不吝赐教、远见卓识；对中年的各种假设中有各种虚虚实实，面对这些时他有着敏锐的感觉，对此我也深表钦佩。伊恩 · 布莱切尔总是在需要帮助时站出来，在本书的题材和结构方面提供了充满智慧的建议，可惜我采纳得还不够。萨拉 · 埃伦博根十分出色地完成了文本编辑工作。最后，我想感谢出版前的匿名读者，他们颇具建设性的意见或多或少地改变了本书。

接着是玛拉，她充满宽容地、有时也会不耐烦地听着一稿又一稿的每一个片段。她的作家直觉我毫无保留地信任，她的著文妙手令我羡慕不已，而她自己写作时更是能全情投入。就像密尔这样评价哈丽雅特 · 泰勒："她的聪慧天分支撑着的，乃是我今生所见到唯一最高尚且最平衡的道德人格。"能与她共度中年十分幸运。感谢你为我做的一切，玛拉。至此，本书告一段落。

注释

引言

1．Joseph Telushkin, Hillel: *If Not Now, When?* (New York: Schocken, 2010), 18.

2．Aaron Garrett, "Seventeenth-Century Moral Philosophy: Self-Help, Self-Knowledge, and the Devil's Mountain," *Oxford Handbook of the History of Ethics*, ed. Roger Crisp (Oxford: Oxford University Press, 2013), 230-79.

第 1 章　这就是全部?

《尼各马可伦理学》的一个值得阅读的版本是牛津世界经典丛书译本，戴维 · 罗斯（W. D. Ross）译，莱斯利 · 布朗（Lesley Brown）修订（*Nicomachean Ethics*, Oxford: Oxford University Press, 2009）。关于亚里士多德对目的因的思考，我推荐：克里斯汀 · 科尔斯戈德（Christine Korsgaard）的两篇论文《亚里士多德和康德论价值的来源》（"Aristotle and Kant on the Source of Value"）和《善的两个对比》（"Two Distinctions in Goodness"），它们均在《创造目的王国》（*Creating the Kingdom of Ends*, Cambridge: Cambridge University Press, 1996）中重印；以及加文 · 劳伦斯（Gavin Lawrence）的《亚里士多德论理想人生》（"Aristotle on Ideal Life," *Philosophical Review* 102［1993］, 1-34），以及加布里埃尔·理查森·利尔（Gabriel Richardson Lear）的专著《幸福生活与至善》（*Happy*

Lives and the Highest Good, Princeton: Princeton University Press, 2004)。约翰·库珀（John Cooper）的著作《追寻智慧》（*Pursuits of Wisdom*, Princeton: Princeton University Press, 2012）的第三章，则在古典学框架下对亚里士多德伦理学进行了更广泛的介绍。

1. Jeremy Bentham, *A Fragment on Government* (Cambridge: Cambridge University Press, 1988), 3.
2. Isaiah Berlin, "John Stuart Mill and the Ends of Life," *Four Essays on Liberty* (Oxford: Oxford University Press, 1990), 175.
3. John Stuart Mill, *Autobiography* (London: Penguin, 1989), 112.
4. Mill, *Autobiography*, 145.
5. Mill, *Autobiography*, 184, 147.
6. Mill, *Autobiography*, 148.
7. Mill, *Autobiography*, 116-7.
8. Mill, *Autobiography*, 117.
9. Joseph Butler, *Five Sermons*, ed. Stephen Darwall (Indianapolis: Hackett, 1983).
10. "Beheaded Syrian Scholar Refused to Lead Isis to Hidden Palmyra Antiquities," *Guardian*, August 19, 2015.
11. Larissa MacFarquhar, *Strangers Drowning* (New York: Penguin, 2015), 189-91.
12. Jackie Robinson, *I Never Had It Made*, with Alfred Duckett (New York: Putnam, 1972), 266.
13. Aristotle, *Nicomachean Ethics*, trans. W. D. Ross and Lesley Brown (Oxford: Oxford University Press, 2009), 1094a20-2.
14. W. H. Auden, *Prose, Volume II: 1939-1948*, ed. Edward Mendelson (Princeton: Princeton University Press, 2002), 347.
15. Leo Tolstoy, "A Confession," *A Confession and Other Religious Writings*, trans. Jane Kentish (London: Penguin, 1987), 29.
16. Tolstoy, "Confession," 30.
17. Mill, *Autobiography*, 118.
18. James Anthony Froude, *Thomas Carlyle: A History of His Life in London, 1834-1881, Vol. II* (New York: Charles Scribner's Sons, 1910), 420.
19. Mill, *Autobiography*, 121.
20. Mill, *Autobiography*, 122.

21．William Wordsworth, "Ode: Intimations of Immortality from Recollections of Early Childhood," *Selected Poems*, ed. Stephen Gill (London: Penguin, 2004), 157-63, 163.（译按：参见［英］威廉·华兹华斯：《华兹华斯抒情诗选》，谢耀文译，译林出版社1991年第2版，22—32页。本书引用的《颂诗》，译者均选用了谢耀文先生的译本。）

22．Mill, *Autobiography*, 121.

23．Mill, *Autobiography*, 122.

24．Mill, *Autobiography*, 121.

25．Mill, *Autobiography*, 121.

26．Aristotle, *Nicomachean Ethics*, 1177b5-16.

27．Mill, *Autobiography*, 120.

28．Aristotle, *Nicomachean Ethics*, 1097a32-4, 1177b15-6.

29．Mill, *Autobiography*, 121.

30．Aristotle, *Nicomachean Ethics*, 1177b3-4.

31．Aristotle, *Nicomachean Ethics*, 1097a33-5.

32．Aristotle, *Nicomachean Ethics*, 1177b5-7.

33．Mill, *Autobiography*, 121.

34．Mill, *Autobiography*, 121.

35．Mill, *Autobiography*, 120.

36．Arthur Schopenhauer, "On the Suffering of the World," *Essays and Aphorisms*, trans. R. J. Hollingdale (London: Penguin, 1970), 41-50, 43.

37．Aristotle, *Eudemian Ethics*, trans. Anthony Kenny (Oxford: Oxford University Press, 2013), 1245a20-2.

38．Mill, *Autobiography*, 121.

39．Aristotle, *Nicomachean Ethics*, 1178b11-7.

40．Aristotle, *Nicomachean Ethics*, 1177b32-1178a2.

41．Wordsworth, "Ode: Intimations of Immortality," 158.

42．George Orwell, *Collected Essays, Journalism and Letters, Volume IV: 1945-1950*, ed. Sophia Orwell and Ian Augus (London: Mariner Books, 1971), 515.

第 2 章　错失

对不可通约性的哲学探讨可参见迈克尔·斯托克（Michael Stocker）的《多元与冲突的价值》（*Plural and Conflicting Values*, Oxford: Oxford University Press, 1992），以及托马斯·霍尔卡（Thomas Hurka）的文章《一元论、多元论与理性的悔恨》（“Monism, Pluralism, and Rational Regret,” *Ethics* 106［1996］, 555-75），我的治疗手段正是基于此两者而来（当然，不同作者的术语是明显不一致的：不是每个人都像我这样定义“不可通约性”）。对于选择权的价值，我推荐杰拉尔德·德沃金的《选择越多越好吗？》（“Is More Choice Better Than Less?” *Midwest Studies in Philosophy* 7［1982］, 47-61），是他的这篇论文激发了我围绕奥罗克、佩林和地下室人展开论证。哲学作品之外，本章提及的小说亦值得一读，包括那些我未能展开讨论的。

1. Richard Russo, *Straight Man* (New York: Random House, 1997); Saul Bellow, *Herzog* (New York: Viking, 1964); Richard Yates, *Revolutionary Road* (New York: Little, Brown, 1961).
2. U. S. Bureau of Labor Statistics, http://www.bls.gov/news.release/pdf/nlsoy.pdf.
3. William Styron, *Sophie's Choice* (New York: Random House, 1979).
4. Jean-Paul Sartre, *Existentialism Is a Humanism* (New Haven: Yale University Press, 2007), 30-1.
5. Jeremy Bentham, *A Fragment on Government* (Cambridge: Cambridge University Press, 1988), 3.
6. John Stuart Mill, “Bentham,” *Utilitarianism and Other Essays*, ed. Alan Ryan (London: Penguin, 1987), 132-76, 173-4.
7. Plato, *Philebus*, trans. Dorothea Frede (Indianapolis: Hackett, 1993), 21c.
8. George Steiner, *Nostalgia for the Absolute* (Toronto: House of Anansi, 2004).
9. Janet Maslin, “A Strikeout with Love and God,” *New York Times*, September 16, 2014.
10. Fyodor Dostoevsky, *Notes from Underground*, trans. Constance Garnett (Indianapolis: Hackett, 2009), 11.
11. Joshua Ferris, *To Rise Again at a Decent Hour* (New York: Little, Brown, 2014), 21.
12. “Martin Amis's Big Deal Leaves Literati Fuming,” *New York Times*, January 31, 1995. 文中故事的详细版本请见马丁·艾米斯的《回忆录》（*Experience: A Memoir*, New York: Vintage, 2001）。
13. Martin Amis, *The Information* (New York: Vintage, 1995), 30.

14．Nora Ephron, *I Feel Bad about My Neck* (New York: Knopf, 2008), 124.

15．Ferris, *To Rise Again at a Decent Hour*, 81.

16．Ferris, *To Rise Again at a Decent Hour*, 42.

17．Gerald Dworkin, "Is More Choice Better Than Less?" *Midwest Studies in Philosophy* 7 (1982), 47-61, 60.

18．Dostoevsky, *Notes from Underground*, 20.

19．David Nobbs, *The Death of Reginald Perrin* (London: Victor Gollancz, 1975); 该故事被改编成电视剧《雷金纳德 · 佩林沉浮记》（*The Fall and Rise of Reginald Perrin*）在英国广播公司第一台播出，由知名影星雷纳德 · 洛塞特（Leonard Rossiter）主演。

20．Nobbs, *Death of Reginald Perrin*, 35-6.

21．Steven Wright, *I Have a Pony*, Warner Brothers B001VFM5ZG, 2009, CD.

22．Barry Schwartz, *The Paradox of Choice* (New York: HarperCollins, 2004), 125.

23．Schwartz, *Paradox of Choice*, chapter 6.

24．Meghan Daum, *The Unspeakable* (New York: Farrar, Straus and Giroux, 2014), 88.

第3章　悔恨

我应当就与伍尔夫相关的内容感谢文学批评家安德鲁 · 米勒（Andrew Miller），伍尔夫日记的引文可参见他的抒情散文《一块蛋糕，唯一的蛋糕》（"The One Cake, the Only Cake," *Michigan Quarterly Review* 51［2012］, 167-86），这篇文章值得本书读者参阅。R. 杰伊 · 华莱士的《由此展望》（*The View from Here*, Oxford: Oxford University Press, 2013）紧随罗伯特 · 亚当斯的步伐，犀利地将目光着眼于依恋与悔恨的伦理问题。关于本章观点的一个更为细致的分析，亦可参阅我的文章《回望》（"Retrospection," *Philosopher's Imprint* 16［2016］, 1-15）和《存在的伦理》（"The Ethics of Existence," *Philosophical Perspectives* 28［2014］, 291-301）。

1．Richard Ford, *The Sportswriter* (New York: Vintage, 1995), 4.

2．William Faulkner, *Requiem for a Nun* (New York: Vintage, 2012), 73.

3．R. Jay Wallace, *The View From Here: On Affirmation, Attachment, and the Limits of Regret* (Oxford: Oxford University Press, 2013), 98-9.

4．Janet Landman, *Regret: The Persistence of the Possible* (Oxford: Oxford University Press, 1993), 93-4.

5. Landman, *Regret*, 93.

6. David Foster Wallace, *The Pale King* (New York: Little, Brown, 2011), 546.

7. Hanif Kureishi, *Intimacy* (London: Faber & Faber, 1999), 4.

8. Larissa MacFarquhar, "How to Be Good," *New Yorker*, September 5, 2011, 43-53.

9. Derek Parfit, "Rights, Interests, and Possible People," *Moral Problems in Medicine*, ed. Samuel Gorovitz et al. (New York: Prentice Hall, 1976), 369-75.

10. Wallace, *View From Here*, 75-7.

11. Wallace, *View From Here*, 251,

12. James Gleick, *Chaos: Making a New Science* (London: Penguin, 1988).

13. *The Diary of Virginia Woolf, Volume 2: 1920-1924*, ed. Anne Oliver Bell (San Diego: Harcourt Brace, 1978), 221.

14. *The Diary of Virginia Woolf, Volume 3: 1925-1930*, ed. Anne Oliver Bell (San Diego: Harcourt Brace, 1980), 217.

15. Virginia Woolf, *To the Lighthouse* (San Diego: Harcourt Brace, 1981), 68-9.

16. Robert Adams, "Existence, Self-Interest, and the Problem of Evil," *Noûs* 13 (1979), 53-65, 64.

17. Plato, *Protagoras*, trans. Stanley Lombardo and Karen Bell (Indianapolis: Hackett, 1992), 358d.

18. Herbert A. Simon, "Rational Choice and the Structure of the Environment," *Psychological Review* 63 (1956), 129-38.

19. Schwartz, *Paradox of Choice*, chapter 4.

20. Immanuel Kant, *Groundwork of the Metaphysics of Morals*, trans. Mary Gregor (Cambridge: Cambridge University Press, 1998), 46-7.

21. Michael Bratman, *Intention, Plans, and Practical Reason* (Cambridge: Harvard University Press, 1987), 23-7.

22. Iris Murdoch, *The Sovereignty of Good* (New York: Routledge, 2001), 45.

23. Virginia Woolf, "Modern Fiction," *The Common Reader* (San Diego: Harcourt Brace, 1984), 146-54, 150.

24. Kureishi, *Intimacy*, 50.

25. Thomas Gray, "Ode on a Distant Prospect of Eton College," *The Complete Poems of Thomas Gray*, ed. H. W. Starr and J. R. Hendrikson (Oxford: Oxford University Press, 1966), 10.

第 4 章　一些期盼

我是从苏珊 · 奈曼（Susan Neiman）的《为什么长大？》（*Why Grow Up*？ London: Penguin, 2014）中了解到波伏娃那段文字的，这本书是对成年问题一次哲学性质的探索。莎拉 · 贝克韦尔（Sarah Bakewell）的《如何生活》（*How to Live*, London: Chatto & Windus, 2010）出色地介绍了蒙田经历的中年危机，以及他对由中年危机摆在面前的问题给予的各种回应。关于死亡恐惧，我推荐 3 篇哲学论文：托马斯 · 内格尔（Thomas Nagel）的《死亡》（"Death," in *Mortal Questions* [Cambridge: Cambridge University Press, 1991]，1-10）、卡伊 · 德雷珀（Kai Draper）的《失望、悲伤与死亡》（"Disappointment, Sadness, and Death," *Philosophical Review* 108 [1999], 387-414）及塞缪尔·舍夫勒的《恐惧、死亡和信心》（"Fear, Death, and Confidence," in *Death and the Afterlife*, ed. Niko Kolodny [Oxford: Oxford University Press, 2013]，83-110）。从德雷珀那里，我获得了关于永生不朽与欲望过度的观点，了解到死亡恐惧的源头是多方面的，以及依恋与失去的联系，而我通过在丧失亲朋之痛、人类生命的尊严之间建立关联，通过探索我们对自身的依恋，得以走得更远一些。

1. Simone de Beauvoir, *Force of Circumstance*, trans. Richard Howard (New York, NY: Putnam, 1965), 658. 引文原文最后一句对法文"被骗（*flouée*）"的翻译是"gypped"，为了避免冒犯，我有所修改。（译按：作者将俚语性的"gypped"改为"swindled"。）
2. Simone de Beauvoir, *The Second Sex*, trans. H. M. Parshley (London: Jonathan Cape, 1953), 267.
3. Miranda Fricker, "Life-Story in Beauvoir's Memoirs," *Cambridge Companion to Simone de Beauvoir*, ed. Claudia Card (Cambridge: Cambridge University Press, 2003), 208-27.
4. Madeleine Gobeil, "Simone de Beauvoir: An Interview," *Paris Review* 35 (1965), 23-40, 36.
5. Gobeil, "Simone de Beauvoir: An Interview," 37.
6. Beauvoir, *Force of Circumstance*, 658.
7. Elliott Jaques, "Death and the Mid-Life Crisis," *International Journal of Psychoanalysis* 46 (1965): 502-14, 506.
8. Jaques, "Death and the Mid-Life Crisis," 506.
9. Michel de Montaigne, "To Philosophize Is to Learn How to Die," *The Complete Essays*, trans. M. A. Screech (London: Penguin, 2003), 89-108.
10. Michel de Montaigne, "On Physiognomy," *The Complete Essays*, trans. M. A. Screech

(London: Penguin, 2003), 1173-1206, 1190.

11. Epicurus, "Letter to Menoeceus," *Epicurus: The Extant Remains*, trans. Cyril Bailey (Oxford: Oxford University Press, 1926), 82-93, 85.

12. Irvin D. Yalom, *Staring at the Sun: Overcoming the Terror of Death* (San Francisco: Jossey-Bass, 2008), 78-9.

13. Stephen Greenblatt, *The Swerve: How the World Became Modern* (New York: Norton, 2011), 54-5.

14. Lucretius, *On the Nature of Things*, trans. Martin Ferguson Smith (In-dianapolis: Hackett, 2001), Book III: 972-7.

15. Vladimir Nabokov, *Speak, Memory: An Autobiography Revisited* (New York: Vintage, 1989), 19.

16. Nabokov, *Speak, Memory*, 19.

17. Yalom, *Staring at the Sun*, 81-2.

18. Derek Parfit, *Reasons and Persons* (Oxford: Oxford University Press, 1984), 165-6.

19. Parfit, *Reasons and Persons*, 165.

20. Anthony Brueckner and John Martin Fischer, "Why Is Death Bad?" , *Philosophical Studies*, 50 (1986), 213-21.

21. Parfit, *Reasons and Persons*, 175-6.

22. Parfit, *Reasons and Persons*, 175.

23. Miguel de Unamuno, *The Tragic Sense of Life in Men and Nations*, trans. Anthony Kerrigan (Princeton: Princeton University Press, 1972), 51.

24. Bernard Williams, "The Makropulos Case: Reflections on the Tedium of Immortality," *Problems of the Self* (Cambridge: Cambridge University Press, 1973), 82-100.

25. Martha Nussbaum, "Mortal Immortals: Lucretius on Death and the Voice of Nature," *Philosophy and Phenomenological Research* 50 (1989), 303-51, 335-43; Samuel Scheffler, "Fear, Death, and Confidence," *Death and the Afterlife*, ed. Niko Kolodny (Oxford: Oxford University Press, 2013), 83-110.

26. Gobeil, "Simone de Beauvoir: An Interview," 37.

27. Stephen Mitchell, *Gilgamesh: A New English Version* (New York: Free Press, 2006), 159.

28. Philip Larkin, "Aubade," *Collected Poems*, ed. Anthony Thwaite (London: Faber & Faber, 2003), 190-1, 190.

第5章 活在当下

如果本书只能推荐一部作品给读者，那么非斯图尔特·李在2009年的脱口秀表演《如果你喜欢温和点的喜剧演员，请另请高明吧》（*If You Prefer a Milder Comedian, Please ask for one*, directed by Tim Kirkby [New York: Comedy Central, 2010]，DVD）莫属。这场秀可谓是对记忆、怀旧和中年的深刻考察。不过其中一些典故，英国以外的观众可能难以理解，别担心，《斯图尔特·李的喜剧老爷车》（*Stewart Lee's Comedy Vehicle*, directed by Tim Kirkby [London: Awkward Films, 2014]，DVD）第三季的睿智不输前者，而且对外国观众更加友好。想读叔本华，请尝试《散文与格言》（*Essays and Aphorisms*, edited by R. J. Hollingdale [London: Penguin, 1970]），这是《附录与补遗》的选集。佛教哲学的入门读物，请参阅克里斯托弗·高恩斯（Christopher Gowans）的《佛的哲学》（*Philosophy of the Buddha*, New York: Routledge, 2003）和马克·希德里茨（Mark Siderits）的《作为哲学的佛教》（*Buddhism as Philosophy*, Indianapolis: Hackett, 2007）。唐纳德·J. 洛佩兹（Donald J. Lopez）的《科学佛法》（*The Scientific Buddha*, New Haven: Yale University Press, 2012）兼具趣味性与全面性地批判了长期以来对佛教传统的滥用问题。关于活出人生意义的话题，我推荐苏珊·沃尔夫的《人生中的意义及其重要性》（*Meaning in Life and Why It Matters*, Princeton: Princeton University Press, 2010）。最后但并非不重要，加州大学洛杉矶分校正念认知研究中心推出的冥想指南是一条正念冥想的好门径，通过 iTunes 即可免费获取。

1. Stewart Lee, "Shilbottle," *Stewart Lee's Comedy Vehicle*, series 3, episode 1, directed by Tim Kirkby, aired March 1, 2014, (London: Awkward Films, 2014), DVD.
2. David E. Cartwright, *Schopenhauer: A Biography* (Cambridge: Cambridge University Press, 2010), 32-3.
3. Cartwright, *Schopenhauer*, 78.
4. Cartwright, *Schopenhauer*, 88.
5. Cartwright, *Schopenhauer*, 236.
6. Arthur Schopenhauer, *The World as Will and Representation, Volume I*, §57, trans. E. F. J. Payne (New York: Dover, 1969), 312.
7. Bernard Comrie, *Aspect* (Cambridge: Cambridge University Press, 1976), §2.2.
8. Aristotle, *Metaphysics* 9.6, 1048b18-34, as translated in Aryeh Kosman, *The Activity of*

Being (Cambridge: Harvard University Press, 2013), 40.

9. Kosman, *Activity of Being*, 67.

10. Schopenhauer, *World as Will and Representation, Volume I*, 196.

11. Max Weber, *The Protestant Ethic and the Spirit of Capitalism* (London: Penguin, 2002).

12. Rachel Cusk, *Outline* (London: Vintage, 2015), 99-100.

13. Leo Tolstoy, *Anna Karenina*, trans. Louis and Aylmer Maude (Oxford: Oxford University Press, 1998), 462.

14. Bernard Williams, "Persons, Character, and Morality," *Moral Luck* (Cambridge: Cambridge University Press, 1981), 1-19, 5, 7.

15. Aristotle, *Metaphysics* 9.6, 1048b18-34, as translated in Kosman, *Activity of Being*, 40.

16. Cusk, *Outline*, 123.

17. Rabbi Nachman (1772-1810), as quoted in Martin Buber, *The Tales of Rabbi Nachman* (Amherst: Humanity Books, 1988), 35.

18. Cartwright, *Schopenhauer*, 266-9.

19. Cartwright, *Schopenhauer*, 273-4.

20. *Bhagavad Gita*, translated by Laurie L. Patton (London: Penguin, 2008), 29.

21. Donald J. Lopez, *The Scientific Buddha* (New Haven: Yale University Press, 2012), 59.

22. Lopez, *Scientific Buddha*, 84, 87.

23. Bhikkhu Bodhi, *The Noble Eightfold Path* (Onalaska: Pariyatti, 2006), 108-10; Bhante Gunaratana, *Mindfulness in Plain English* (Boston: Wisdom, 2002), 138.

24. Gilbert Ryle, *The Concept of Mind* (London: Penguin, 2000), 15.

25. Georg Lichtenberg, *The Waste Books*, ed. R. J. Hollingdale (New York: New York Review Books, 2000), Notebook L: 18, 190.

26. Alan Watts, *The Wisdom of Insecurity* (New York: Vintage, 2011), 49.

27. Watts, *Wisdom of Insecurity*, 84.

28. Stephen Batchelor, *Buddhism without Beliefs* (London: Penguin, 1998), 78-9.

29. Batchelor, *Buddhism without Beliefs*, 104.

30. Ellen J. Langer, *Mindfulness* (Boston: Da Capo, 2014).

31. Jon Kabat-Zinn, *Full Catastrophe Living* (New York: Bantam, 2013).

32. Eckhart Tolle, *The Power of Now* (Vancouver: Namaste, 1997), 67-8.

33. Tolle, *Power of Now*, 52, 62.

34. Albert Camus, *The Myth of Sisyphus* (London: Penguin, 2000), 122-3.

35. Susan Wolf, *Meaning in Life and Why It Matters* (Princeton: Princeton University Press, 2010), 23-4.

尾声

1. John Stuart Mill, *Autobiography* (London: Penguin, 1989), 117.
2. Elliott Jaques, "Death and the Mid-Life Crisis," *International Journal of Psychoanalysis* 46 (1965): 502-14, 506.
3. John Berger, *Bento's Sketchbook* (New York: Pantheon, 2011), 79-80.

补充阅读 中年危机小史

关于中年的历史与哲学研究，有两本书值得一阅，分别是：克里斯托弗·汉密尔顿的《中年》(*Middle Age*, Durham: Acumen, 2009)，及帕特里夏·科恩(Patricia Cohen)的《风华正茂：发明中年》(*In Our Prime: The Invention of Middle Age*, New York: Scribner, 2012)。

1. Philip Larkin, "Annus Mirabilis," *Collected Poems*, ed. Anthony Thwaite (London: Faber & Faber, 2003), 146.
2. Elliott Jaques, "Death and the Mid-Life Crisis," *International Journal of Psychoanalysis* 46 (1965): 502-14.
3. Jaques, "Death and the Mid-Life Crisis," 506.
4. *American Beauty*, directed by Sam Mendes (Burbank: Warner Brothers, 1999).
5. John Williams, *Stoner* (New York: New York Review Books, 2003), 181.
6. Albert Camus, *The Myth of Sisyphus* (London: Penguin, 2000), 13.
7. H. G. Wells, *The History of Mr. Polly* (London: Thomas Nelson, 1910).
8. Philippe Ariès, *Western Attitudes toward Death* (Baltimore: Johns Hopkins University Press, 1974), 42-4.
9. Dante Alighieri, *Inferno*, trans. Robert Pinsky (New York: Farrar, Straus and Girous, 1994), 3.
10. Mary Dove, *The Perfect Age of Man's Life* (Cambridge: Cambridge University Press, 1986), 28.

11. Jane Polden, *Regeneration: Journey through the Mid-Life Crisis* (London: Continuum, 2002), 7.
12. James Hollis, *The Middle Passage* (Toronto: Inner City Books, 1993), 54.
13. Edmund Bergler, *The Revolt of the Middle-Aged Man* (New York: A. A. Wyn, 1954).
14. Daniel J. Levinson, *The Seasons of a Man's Life* (New York: Ballantine, 1978).
15. Roger L. Gould, *Transformations: Growth and Change in Adult Life* (New York: Simon and Schuster, 1978).
16. Gail Sheehy, *Passages* (New York: Ballantine, 1976).
17. Erik H. Erikson, *Childhood and Society* (New York: Norton, 1950).
18. Barbara Fried, *The Middle-Age Crisis* (New York: Harper & Row, 1967), vii.
19. Joseph Heller, *Something Happened* (New York: Knopf, 1974); Doris Lessing, *The Summer before the Dark* (London: Jonathan Cape, 1973).
20. Orville G. Brim, Carol D. Ryff, and Ronald D. Kessler, "The MIDUS National Survey: An Overview," *How Healthy Are We? A National Study of Well-Being at Midlife*, ed. Orville G. Brim, Carol D. Ryff, and Ronald D. Kessler (Chicago: University of Chicago Press, 2004), 1-36, 22.
21. Brim, Ryff, and Kessler, "The MIDUS National Survey: An Overview," 22.
22. Elaine Wethington, Hope Cooper, and Carolyn Homes, "Turning Points in Midlife," *Stress and Adversity over the Life Course: Trajectories and Turning Points,* ed. Ian H. Gotlib and Blair Wheaton (Cambridge: Cambridge University Press, 1997), 215-31.
23. Carolyn M. Aldwin and Michael R. Levenson, "Stress, Coping, and Health at Midlife: A Developmental Perspective," *Handbook of Midlife Development*, ed. Margie E. Lachman (New York: Wiley, 2001), 188-215, 188.
24. Jutta Heckhausen, "Adaptation and Resilience in Midlife," *Handbook of Midlife Development*, ed. Margie E. Lachman (New York: Wiley, 2001), 345-94, 345.
25. Susan K. Whitbourne, *The Search for Fulfillment* (New York: Ballantine, 2010), 160-8.
26. George Miller Beard, *American Nervousness* (New York: Putnam, 1881).
27. David Blanchflower and Andrew Oswald, "Is Well-Being U-Shaped over the Life Cycle?" *Social Science & Medicine* 66 (2008), 1733-49.
28. Terence Cheng, Nattavudh Powdthvee, and Andrew J. Oswald, "Longitudinal Evidence for a Midlife Nadir in Human Well-Being: Results from Four Data Sets," *Economic Journal*, forthcoming.

29. Alexander Weiss, James E. King, Miho Inoue-Murayama, Tetsuro Matsuzawa, and Andrew J. Oswald, "Evidence for a Midlife Crisis in Great Apes Consistent with the U-shape in Human Well-Being," *Proceedings of the National Academy of Sciences* 109 (2012), 19949-52.

30. Hannes Schwandt, "Why So Many of Us Experience a Midlife Crisis," *Harvard Business Review*, April 20, 2015, https://hbr.org/2015/04/why-so-many-of-us-experience-a-midlife-crisis.

31. Susan K. Whitbourne, Taylor R. Lewis, and Seth J. Schwartz, "Meaning in Life and Subjective Well-Being across Adult Age Groups," paper presented at the 2015 Annual Convention of the American Psychological Association.

32. Jaques, "Death and the Mid-Life Crisis," 504.

33. Richard M. Ryan and Edward L. Deci, "On Happiness and Human Potentials: A Review of Research on Hedonic and Eudaimonic Well-Being," *Annual Review of Psychology* 52 (2001), 141-66.

34. Immanuel Kant, *Critique of Pure Reason*, trans. Paul Guyer and Allen W. Wood (Cambridge: Cambridge University Press, 1998), A805/B833.

35. Aristotle, *Nicomachean Ethics*, trans. W. D. Ross and Lesley Brown (Oxford: Oxford University Press, 2009), 1100a10-1101b9.

36. Sheehy, *Passages*, 401.

37. Blanchflower and Oswald, "Is Well-Being U-Shaped?" , 1741.